河流生态丛书

珠江主要渔业资源种类分布

李新辉　陈蔚涛　李　捷◎编著

科学出版社
北京

内 容 简 介

珠江水系记录鱼类 682 种（含河口鱼类和亚种），是我国鱼类多样性最为丰富的流域之一。这些鱼类既是河流生态系统功能保障的关键生物类群，同时也是重要的渔业资源。然而，由于河流环境的改变，鱼类栖息地受到影响，许多物种丧失生境。本书是中国水产科学研究院珠江水产研究所渔业资源研究团队在珠江水系进行了长达 40 多年鱼类资源调查和研究的成果。本书编入了珠江水系 102 种重要渔业资源种类，从俗名、习性、价值和分布等方面进行描述，旨在为鱼类保护提供支撑数据。

本书是“河流生态丛书”的组成部分，内容丰富，图文并茂，实用性强，适合生态学、环境保护、渔业资源等相关科研工作者、高校师生及管理工作者参阅。

审图号：GS（2020）4640号

图书在版编目（CIP）数据

珠江主要渔业资源种类分布 / 李新辉，陈蔚涛，李捷编著．—北京：科学出版社，2021.3

（河流生态丛书）

ISBN 978-7-03-068314-4

Ⅰ．①珠…　Ⅱ．①李…　②陈…　③李…　Ⅲ．①珠江－水产资源－资源分布－研究　Ⅳ．① S93

中国版本图书馆 CIP 数据核字 (2021) 第 043993 号

责任编辑：郭勇斌　彭婧煜 / 责任校对：杜子昂

责任印制：师艳茹 / 封面设计：黄华斌

科学出版社 出版

北京东黄城根北街16号

邮政编码:100717

http://www.sciencep.com

北京九天鸿程印刷有限责任公司　印刷

科学出版社发行　各地新华书店经销

*

2021年3月第　一　版　开本：787 × 1092　1/16

2021年3月第一次印刷　印张：8

字数：180 000

定价：98.00元

（如有印装质量问题，我社负责调换）

丛书编委会

丛 书 序

河流是地球的重要组成部分，是生命发生、生物生长的基础。河流的存在，使地球充满生机。河流先于人类存在于地球上，人类的生存和发展，依赖于河流。如华夏文明发源于黄河流域，古埃及文明发源于尼罗河流域，古印度文明发源于恒河流域，古巴比伦文明发源于两河流域。

河流承载生命，其物质基础是水。不同生物物种个体含水量不同，含水量为60% ~ 97%，水是生命活动的根本。人类个体含水量约为65%，淡水是驱动机体活动的基础物质。虽然地球有71%的面积为水所覆盖，总水量为13.86亿km^3，但是淡水仅占水资源总量的2.53%，且其中87%的淡水是两极冰盖、高山冰川和永冻地带的冰雪形式。人类真正能够利用的主要是河流水、淡水湖泊水及浅层地下水，仅占地球总水量的0.26%，全球能真正有效利用的淡水资源每年约9000 km^3。

中国境内的河流，仅流域面积大于1000 km^2的有1500多条，水资源约为2680 km^3/a，相当于全球径流总量的5.8%，居世界第4位，河川的径流总量排世界第6位，人均径流量为2530 m^3，约为世界人均的1/4，可见，我国是水资源贫乏国家。这些水资源滋润华夏大地，维系了14亿人口的生存繁衍。

生态是指生物在一定的自然环境下生存和发展的状态。当我们闭目遥想，展现在脑海中的生态是风景如画的绿水青山。然而，由于我们的经济社会活动，河流连通被梯级切割而破碎，自然水域被围拦堵塞而疮痍满目，清澈的水质被污染而不可用……然而，我们活在其中似浑然不知，似是麻木，仍然在加剧我们的活动，加剧我们对自然的破坏。

鱼类是水生生态系统中最高端的生物之一，与其他水生生物、水环境相互作用、相互制约，共同维持水生生态系统的动态平衡。但是随着经济社会的发展，人们对河流生态系统的影响愈加严重，鱼类群落遭受严重的环境胁迫。物种灭绝、多样性降低、资源量下降是全球河流生态面临的共同问题。鱼已然如此，人焉能幸免。所幸，我们的社会、我们的国家重视生态问题，提出生态文明的新要求，河流生态有望回归自然，我们的生存环境将逐步改善，人与自然将回归和谐发展，但仍需我们共同努力才能实现。

在生态需要大保护的背景下，我们在思考河流生态的本质是什么？水生生态系统物质间的关系状态是怎样的？我们在水生生态系统保护上能做些什么？在梳理多年研究成果的基础上，有必要将我们的想法、工作向社会汇报，厘清自己在水生生态保护方面的工作方向，更好地为生态保护服务。在这样的背景下，决定结集出版“河流生态丛书”。

“河流生态丛书”依托农业农村部珠江中下游渔业资源环境科学观测实验站、农业农村部珠江流域渔业生态环境监测中心、中国水产科学研究院渔业资源环境多样性保护与利用重点实验室、珠江渔业资源调查与评估创新团队、中国水产科学研究院珠江水产研究所等平台，在学科发展过程中，建立了一支从事水体理化、毒理、浮游生物、底栖生物、鱼类、生物多样性保护等方向研究的工作队伍。团队在揭示河流水质的特征、生物群落的构成、环境压力下食物链的演化等方面开展工作。建立了河流漂流性鱼卵、仔鱼定量监测的“断面控制方法”，解决了量化评估河流鱼类资源量的采样问题；建立了长序列定位监测漂流性鱼类早期资源的观测体系，解决了研究鱼类种群动态的数据源问题；在不同时间尺度下解译河流漂流性仔鱼出现的种类、结构及数量，周年早期资源的变动规律等数据，搭建了“珠江漂流性鱼卵、仔鱼生态信息库”研究平台，为拥有长序列数据的部门和行业、从事方法学和基础研究的学科提供鱼类资源数据，拓展跨学科研究；在藻类研究方面，也建立了高强度采样、长时间序列的监测分析体系，为揭示河流生态现状与演替扩展了研究空间；在河流鱼类生物多样性保护、鱼类资源恢复与生态修复工程方面也积累了一些基础。这些工作逐渐呈现出了我们团队认识、研究与服务河流生态系统的领域与进展。“河流生态丛书”将侧重渔业资源与生态领域内容，从水生生态系统中的鱼类及其环境间的关系视角上搭建丛书框架。

丛书计划从河流生态系统角度出发，在水域环境特征与变化、食物链结构、食物链与环境之间的关系、河流生态系统存在的问题与解决方法探讨上，陆续出版团队的探索性的研究成果，“河流生态丛书”也将吸收支持本丛书工作的各界人士的研究成果，为生态文明建设贡献智慧。

通过“河流生态丛书”的出版，向读者表述作者对河流生态的理解，如果书作获得读者的共鸣，或有益于读者的思想发展，乃是作者的意外收获。

本丛书内容得到了科技部社会公益研究专项“珠江（西江）漂浮性卵鱼类繁殖状态与资源评估”、国家科技重大专项“水体污染控制与治理”河流主题“东江水系生态系统健康维持的水文、水动力过程调控技术研究与应用示范”项目、农业农村部珠江中下游渔业资源环境科学观测实验站、农业农村部财政项目“珠江重要经济鱼类产卵场及洄游通道调查”、广西壮族自治区自然科学基金委重大项目“西江鱼类优势种群形成机理及利用策略研究”、国家公益性行业（农业）科研专项“珠江及其河口渔业资源评价和增殖养护技术研究与示范”、国家重点研发计划“蓝色粮仓科技创新”等项目的支持。“河流生态丛书”也得到许多志同道合同仁的鞭策、支持和帮助，在此谨表衷心的感谢！

李新辉

2020年3月

前　言

珠江发源于云南，流经贵州、广西、广东、江西、湖南等省（自治区），流域面积45.37万km^2，年径流量3412亿m^3。珠江是我国华南地区最大的河流，是沿江人民赖以生存的母亲河。作为我国正在建设的粤港澳大湾区的重要水资源保障基地，珠江是推进“一带一路”倡议的核心区域所在，也是珠江－西江经济带发展的重要支撑点。

珠江由西江水系、北江水系、东江水系和珠江三角洲河网组成。西江水系是珠江的干流，发源于云南曲靖的马雄山东麓，从源头至入海口依次分为南盘江、红水河、黔江、浔江、西江及西江干流入海水道，干流全长2214 km，主要支流有北盘江、郁江、左江、右江、都柳江、柳江、桂江、贺江等，流域面积约占珠江流域总面积的78%。东江水系发源于江西寻乌县大竹岭桠髻钵山，干流主要流经广东东部，干流全长523 km，流域面积2.7万km^2。北江水系发源于江西信丰县石碣大茅山，干支流大部分在广东境内，干流全长468 km，流域面积4.67万km^2。珠江三角洲是由东江、西江和北江下游组成的复合三角洲，其河网最终通过八大入海口注入我国南海。

珠江大小河流众多，海拔落差大，环境异质性高，孕育了丰富的鱼类物种多样性。据不完全统计，珠江记录鱼类682种（含河口鱼类和亚种），其中特有鱼类243种，鱼类物种数和特有鱼类种数均居我国江河之首。这些鱼类既是河流生态系统功能保障的关键生物类群，同时也是重要的渔业资源。由于河流环境的改变，鱼类栖息地受到影响，许多物种丧失生境，进而导致许多珠江鱼类处于资源衰退或濒危的境地。如国家一级保护动物中华鲟（*Acipenser sinensis*），国家二级保护动物花鳗鲡（*Anguilla marmorata*）、唐鱼（*Tanichthys albonubes*），《中国濒危动物红皮书》收录的鲥（*Tenualosa reevesii*）、长臀鮠（*Cranoglanis bouderius*）、叶结鱼（*Tor zonatus*）、暗色唇鲮（*Semilabeo obscurus*）、厚唇原吸鳅（*Yaoshania pachychilus*）等上百种鱼类，《国家重点保护经济水生动植物资源名录》批示的赤眼鳟（*Squaliobarbus curriculus*）、广东鲂（*Megalobrama terminalis*）、鲮（*Cirrhinus molitorella*）等数十种鱼类，这些鱼类的野生资源处于受胁迫或濒危状态。另外，部分外来物种成功在珠江定殖，并成为珠江重要渔业资源。

为抢救性保护鱼类物种，急需了解鱼类分布现状。在农业农村部珠江中下游渔业资源环境科学观测实验站、农业农村部财政项目“珠江流域水生生物保护规划”、广西壮族自治区自然科学基金委重大项目“西江鱼类优势种群形成机理及利用策略研究”、国家公益性行业（农业）科研专项“珠江及其河口渔业资源评价和增殖养护技术研究与示范”、国家重点研发计划“蓝色粮仓科技创新”重点专项（2018YFD0900903和2018YFD0900802）、广东省基础与应用基础研究基金联合基金重点项目“珠江–河口–近海典型渔业种群退化机理和恢复机制”等项目的支持下，作者团队在系统梳理调查数据的基础上，结合文献资料，完成《珠江主要渔业资源种类分布》。书中大部分鱼类图片为活体标本拍摄，保留了鱼类完整的形态特征，可为非分类学专业的人士提供参考。本书编入的珠江水系重要渔业种类的分布信息由中国水产科学研究院珠江水产研究所渔业资源研究团队长期野外调查监测获得，较好地反映了珠江水系重要渔业种类的现今分布状况，为珠江水系渔业资源的利用和保护提供了宝贵资料。

本书的鱼类样品采集主要由陈蔚涛、李跃飞、李捷、朱书礼、杨计平负责完成，鱼类图片由陈蔚涛、李捷、李跃飞、杨计平、夏雨果、张迎秋拍摄和提供，鱼类分布地图底图由广东省地图院编制，调查站位由陈蔚涛编辑，李跃飞参与了本书的校稿和核对，谨在此表示衷心的感谢。

由于野外调查工作时间有限，调查站位未能覆盖流域所有区域，采集样本也仅包含了珠江部分鱼类种类，加之作者水平有限，书中难免存在疏漏之处，望读者提出宝贵意见，以便将来进一步完善。

作　者

2020 年 7 月

目　　录

鲱 形 目

1. 花鰶 *Clupanodon thrissa* (Linnaeus, 1758)

【俗名】黄鱼

【习性】暖温性中上层鱼类。摄食浮游生物、藻类。4 月开始生殖洄游，6 ～ 7 月为产卵盛期。

【价值】东海和南海河口重要经济鱼类。

【分布】主要分布于东海和南海，可洄游至淡水生活。珠江水系主要分布于东江、北江、西江的下游江段以及珠江三角洲河网。

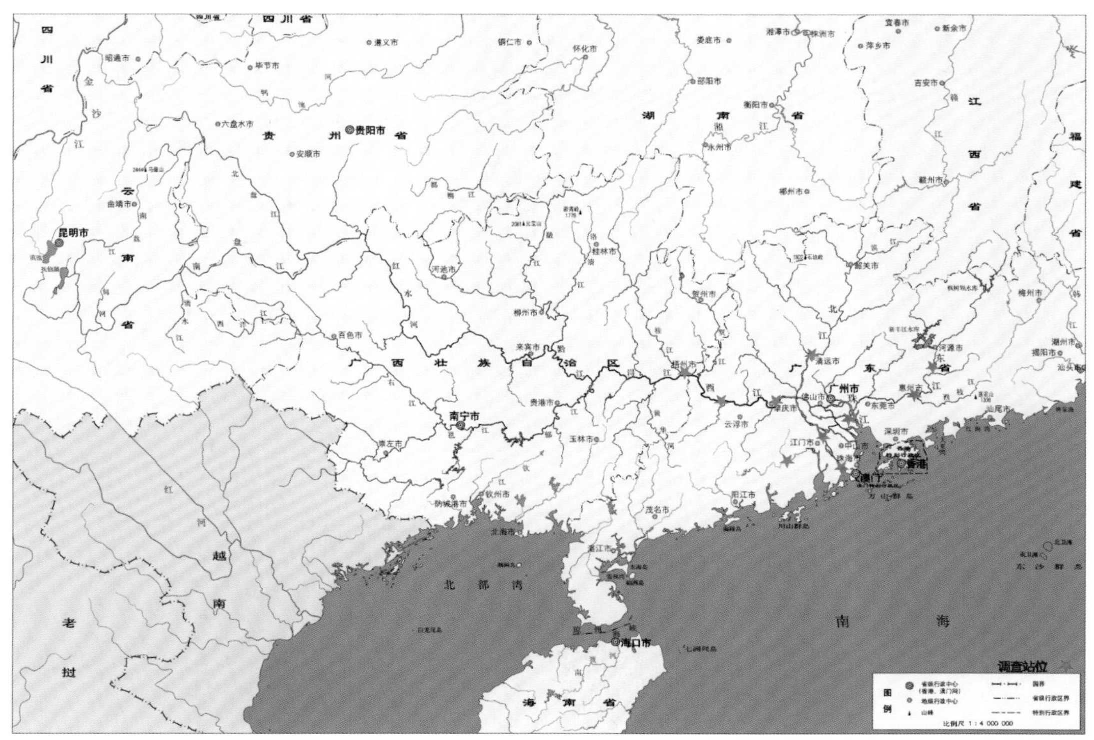

2. 七丝鲚 *Coilia grayi* (Richardson, 1845)

【俗名】青鲚、白鼻、凤尾鱼、马刀

【习性】暖水性溯河洄游鱼类，栖息于浅海中上层及河口，也可进入江河中下游江段生活。主要以甲壳类为食，尤以桡足类最为重要。一般在2～4月和8～9月各产卵一次。

【价值】肉味鲜美，可制成凤尾鱼罐头，具有一定的经济价值。

【分布】分布于我国福建、广东、广西、海南河口及其河流中下游。珠江水系主要分布于郁江、浔江、西江、东江、北江和珠江三角洲河网地区，具有一定的资源量。

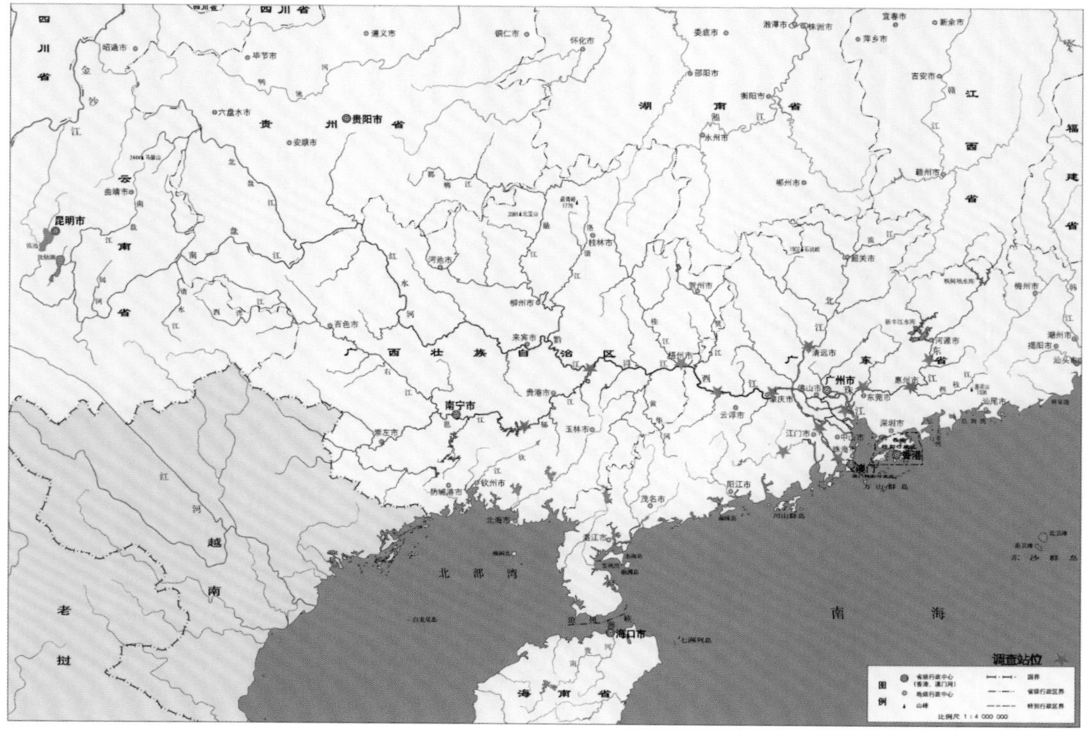

鳗 鲡 目

3. 日本鳗鲡 *Anguilla japonica* (Temminck & Schlegel, 1846)

【俗名】白鳝、青鳝、鳗鱼、白鳗

【习性】溯河洄游性鱼类，栖居于江河、湖泊、水库等水体，常隐居在近岸洞穴中。肉食性鱼类，常以小鱼、虾、蟹、田螺、蛏、蚬、沙蚕等水生生物为食。产卵期为春季和夏季，5～8龄性成熟。

【价值】濒危物种，在我国沿海地区有人工养殖。

【分布】广泛分布于我国沿海各地、日本和东南亚，珠江水系主要在红水河、柳江、黔江、郁江、桂江、浔江、西江、北江、东江等分布，资源衰退严重。

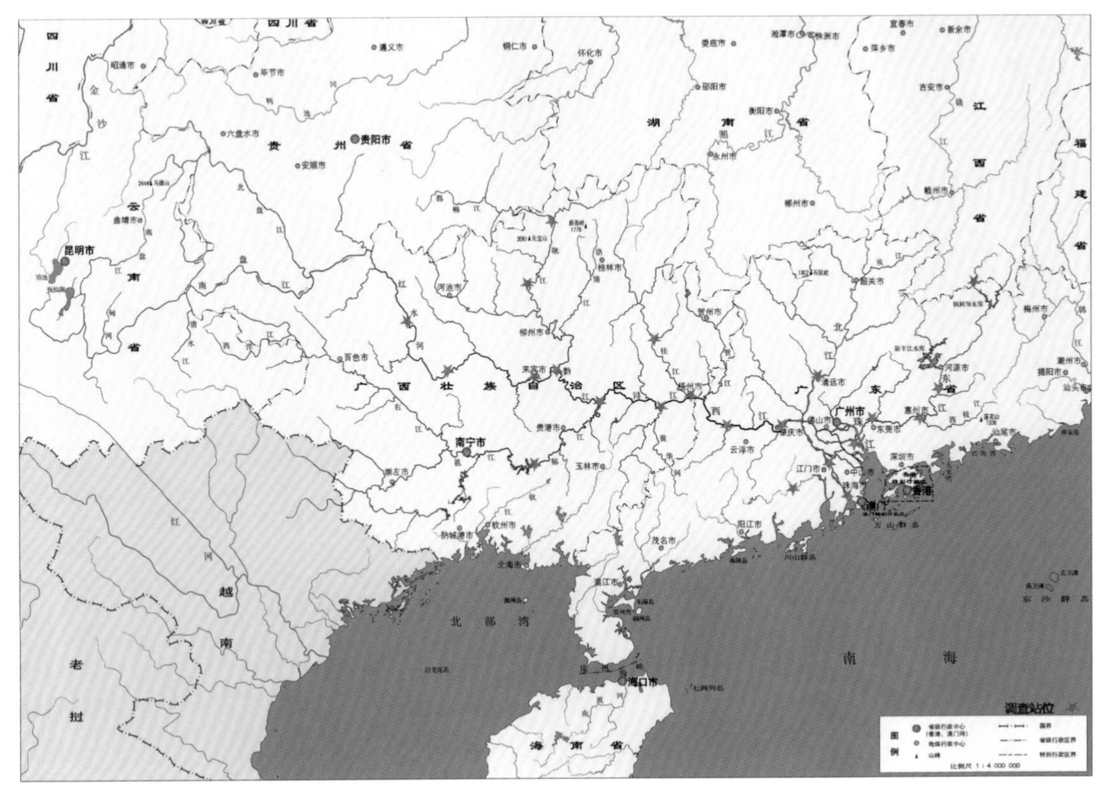

4. 花鳗鲡 *Anguilla marmorata* (Quoy & Gaimard, 1824)

【俗名】花鳗、雪鳗、鳝王

【习性】花鳗鲡为典型降河洄游鱼类。生长于河口、沼泽、河溪、湖塘、水库等内。主要捕食鱼、虾、蟹、蛙及其他小动物，也食落入水中的大动物尸体。10 ～ 11 月入海繁殖。

【价值】濒危物种，国家二级保护动物。

【分布】分布于亚洲、东非及南澳大利亚。珠江水系主要分布于红水河、柳江、黔江、浔江、西江、东江、北江与珠江三角洲河网，资源量较少。

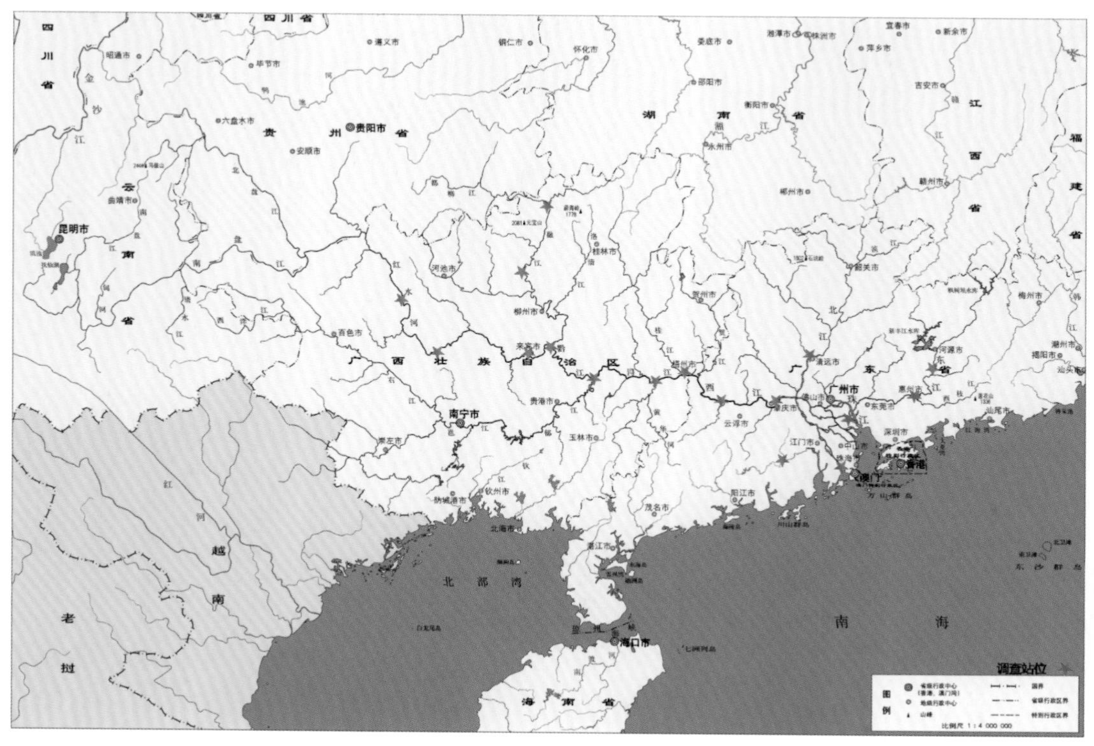

鲑 形 目

5. 白肌银鱼 *Leucosoma chinensis* (Osbeck, 1765)

【俗名】白饭鱼、银鱼

【习性】个体小，平时生活在近海，繁殖期为夏初至冬初，溯河洄游至咸淡水或淡水繁殖产卵，主要以浮游动物为食。

【价值】个体小，肉鲜美，富营养，可制罐头。

【分布】主要分布在我国的东海和南海及其河口区域，珠江水系主要分布在河口以及西江、北江下游江段。

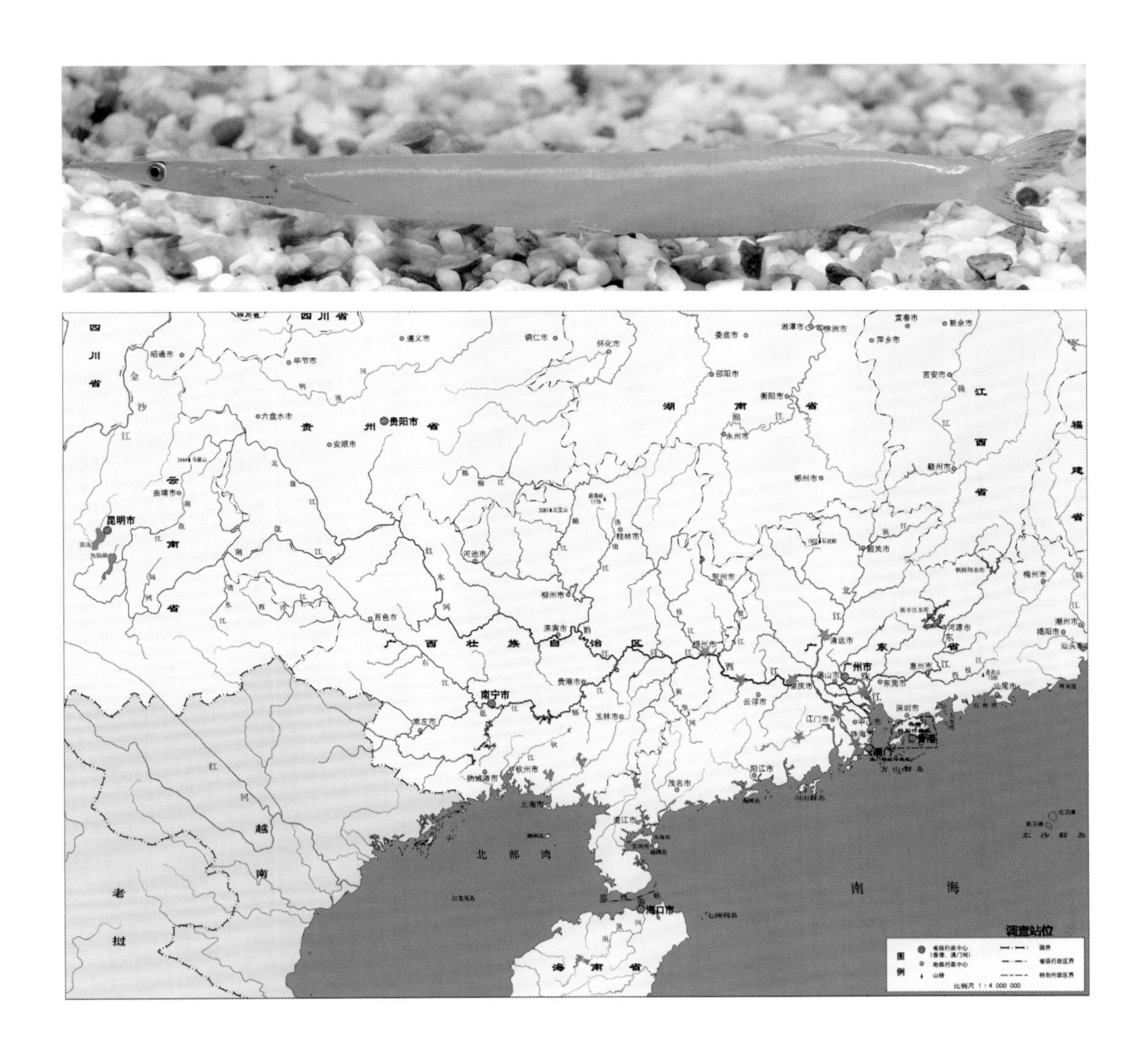

脂 鲤 目

6. 小口脂鲤 *Prochilodus lineatus* (Valenciennes, 1837)

【俗名】巴西鲷、南美鲱鱼

【习性】生活在湖泊、河湾和水库中，栖息于水体的底层。主杂食性，稚鱼和早期幼鱼摄食轮虫、枝角类和桡足类，也摄食绿藻和硅藻，晚期幼鱼和成鱼摄食水生昆虫幼体、寡毛类、藻类及有机碎屑等。2 龄以上达性成熟。

【价值】肉质细嫩、味道鲜美、营养丰富、少肌间刺，具有重要的经济价值。

【分布】原产于巴西、阿根廷等南美国家，1996 年引入我国。珠江水系主要分布在浔江、西江和北江，资源量不大。

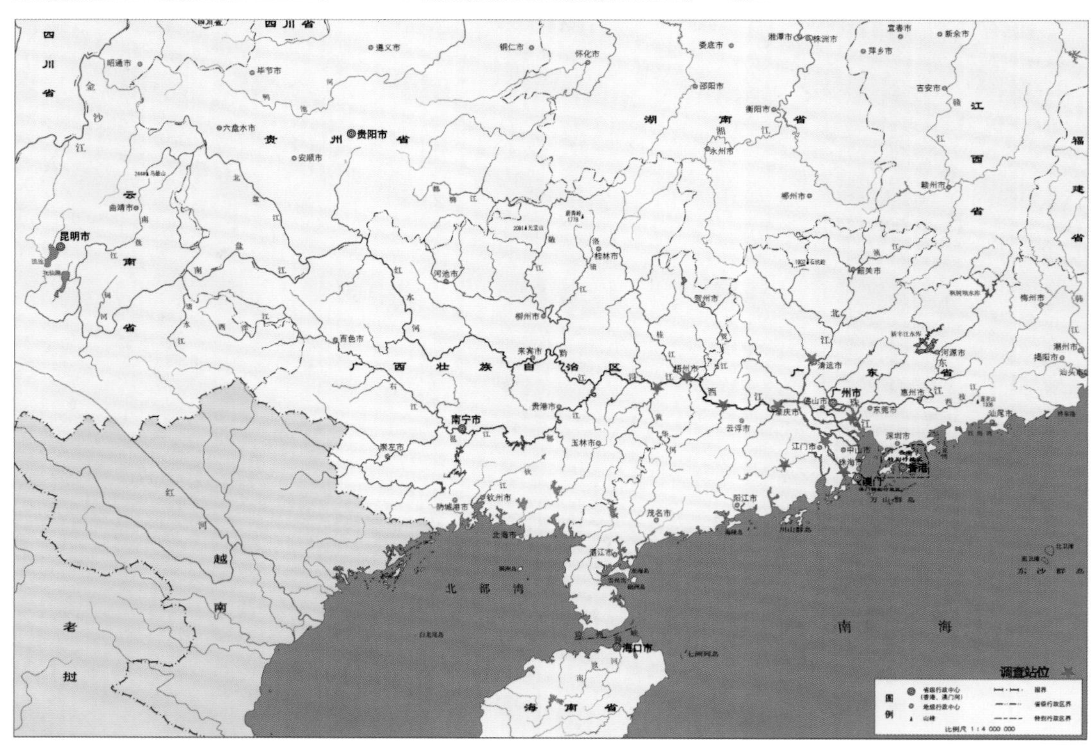

鲤 形 目

7. 美丽小条鳅 *Micronemacheilus pulcher* (Nichols & Pope，1927)

【俗名】花鳅、锦鳅

【习性】多生活于缓流和静水的多水草河段。

【价值】个体小，经济价值不大，可供观赏。

【分布】分布于珠江水系和海南岛等地。珠江水系主要分布于红水河、柳江、都柳江、左江、桂江、贺江、黔江、浔江、北江、西江和东江，具有一定的资源量。

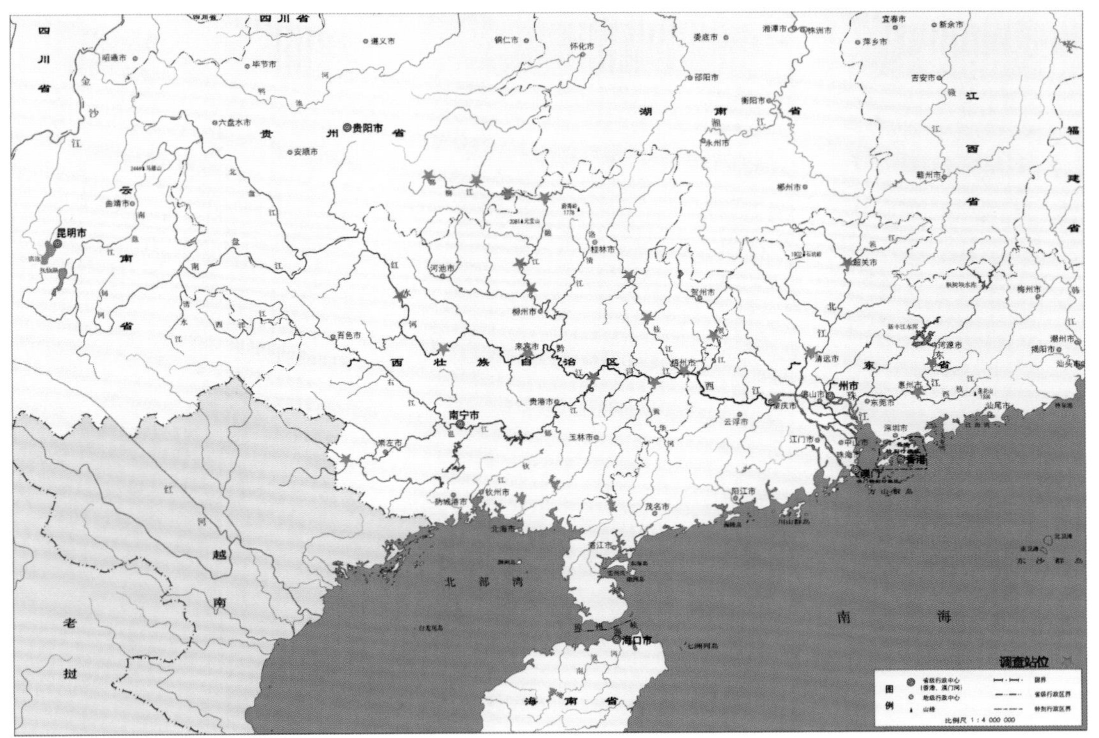

8. 横纹南鳅 *Schistura fasciolata* (Nichols & Pope，1927)

【俗名】花带条鳅、花纹条鳅、横纹条鳅

【习性】营底栖生活。

【价值】个体小，数量少，经济价值不高。

【分布】广泛分布于我国南方水系。分布于珠江水系各江段，资源量丰富。

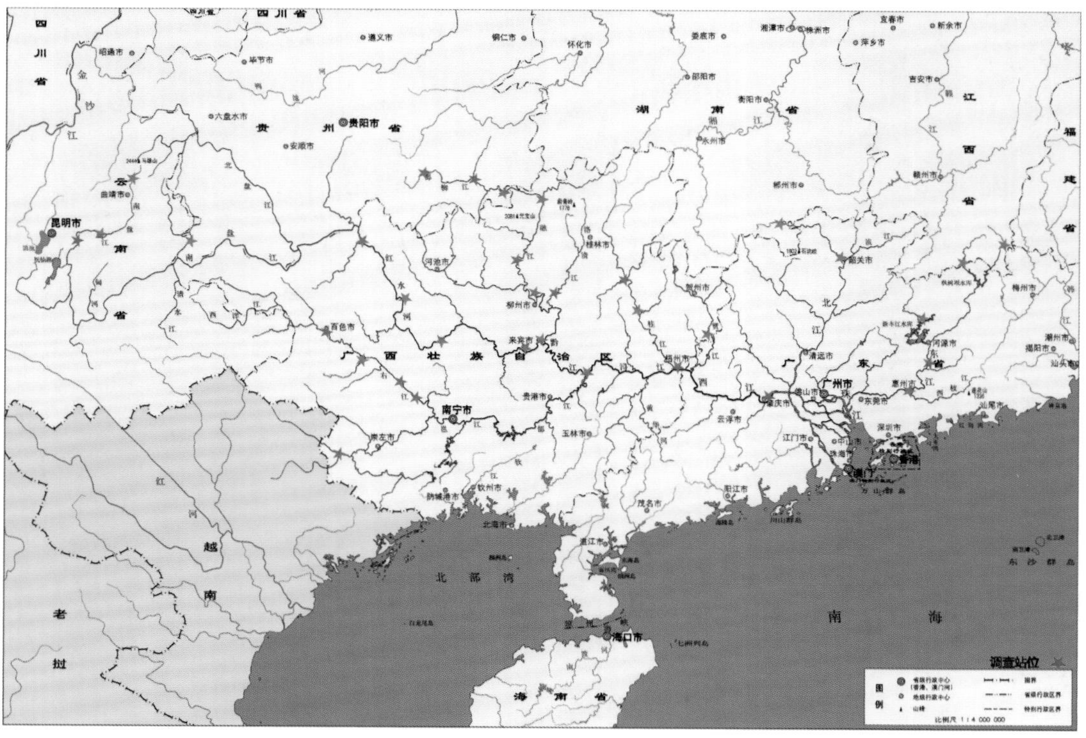

9. 壮体沙鳅 *Sinibotia robusta* (Wu, 1939)

【俗名】六角鱼

【习性】生活在砂石底的流水中。食性和繁殖习性不详。

【价值】体型小，经济价值不大。

【分布】分布于珠江水系和福建水系。珠江水系主要分布在广西各主要江段，以及贵州都柳江、广东东江部分江段，具有一定的资源量。

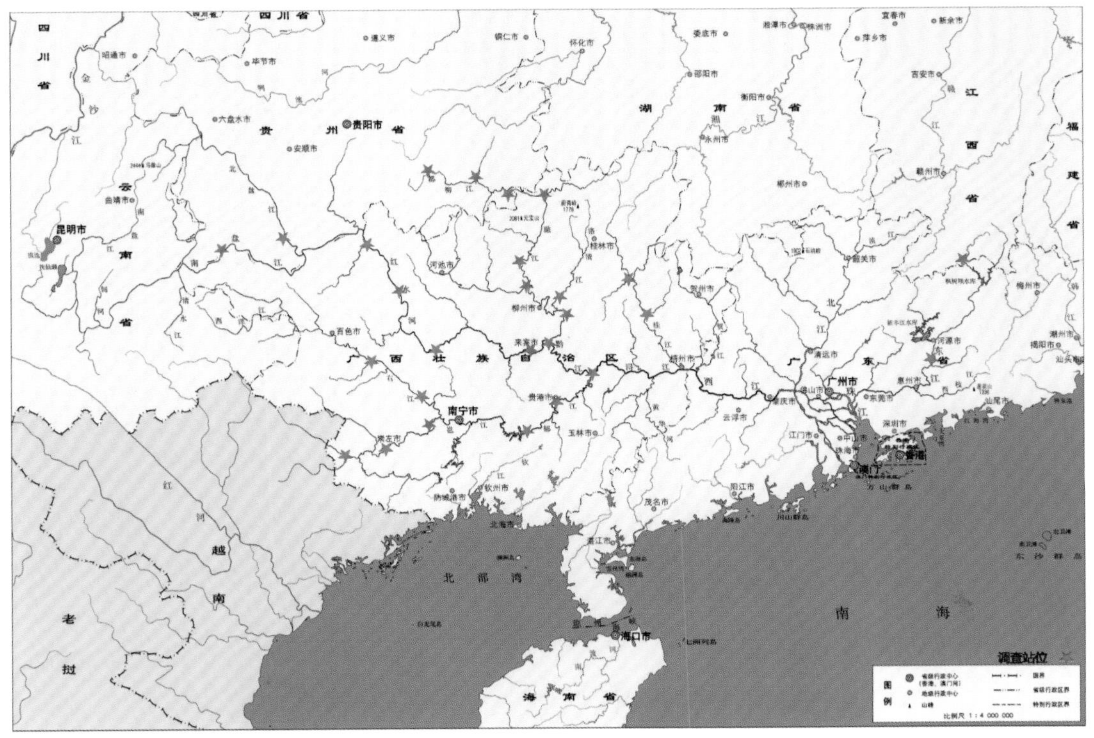

10. 美丽沙鳅 *Sinibotia pulchra* (Wu, 1939)

【俗名】无

【习性】小型底层鱼类，栖息在底质为砂石的流水中。

【价值】个体小，经济价值不大。

【分布】分布于珠江和九龙江水系。珠江水系分布于广西各江段、贵州都柳江江段与广东东江江段，有一定的资源量。

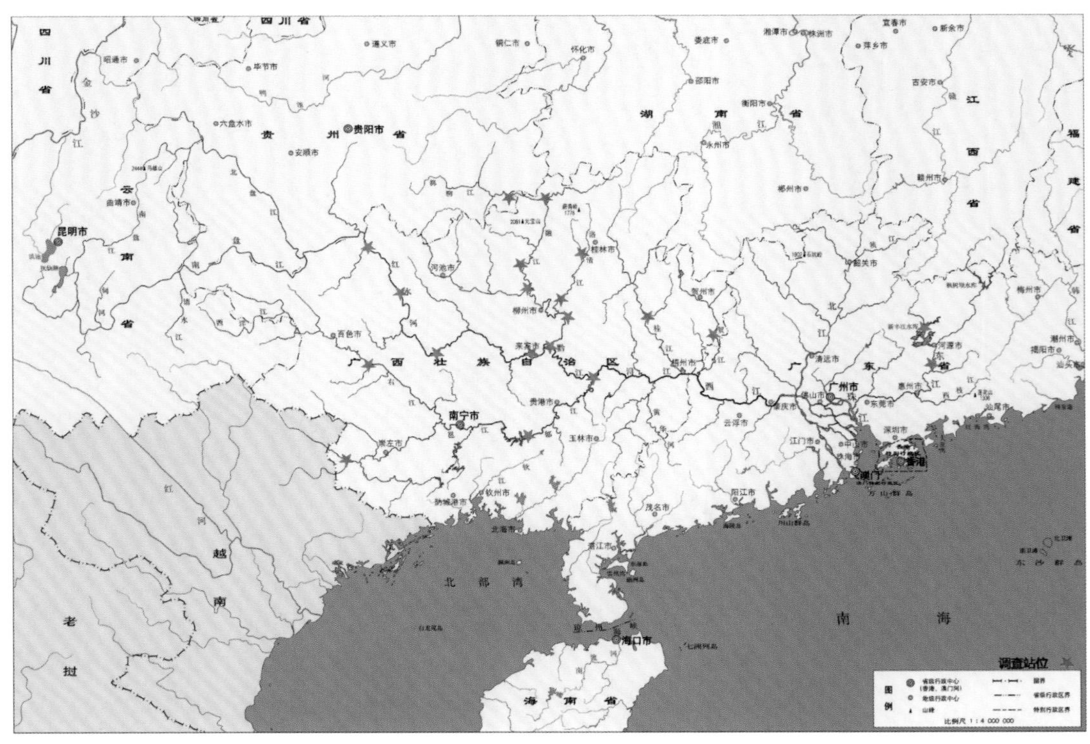

11. 花斑副沙鳅 *Parabotia fasciata* (Dabry de Thiersant, 1872)

【俗名】沙鳅、蕉子鱼、花间刀

【习性】栖息于砂石底质的江河底层。食水生昆虫和藻类。

【价值】个体小，经济价值不大。

【分布】全国均有分布。珠江水系主要分布在东江以及广西的南盘江、红水河、柳江、黔江、左江、右江等江段。

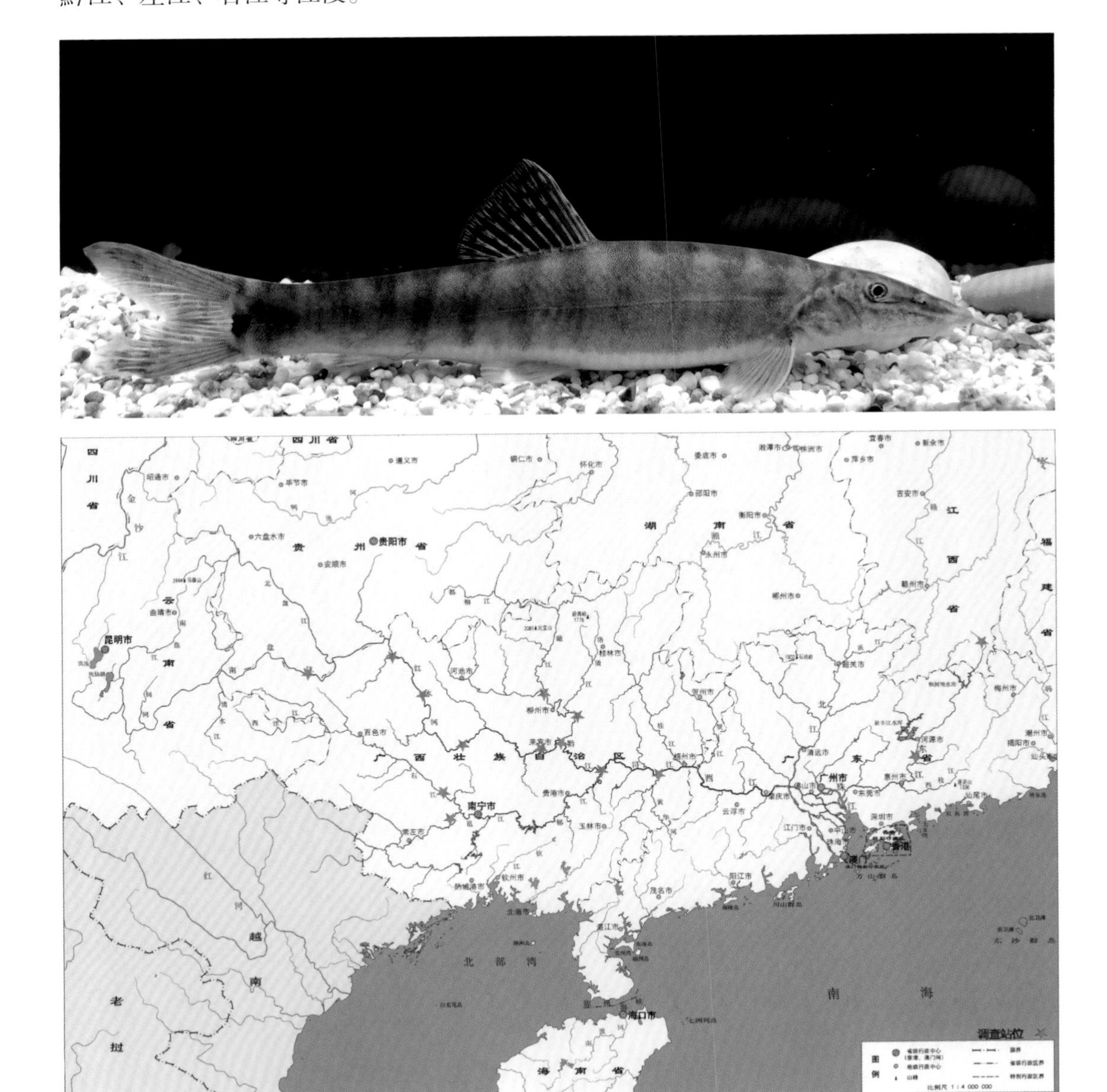

12. 大斑薄鳅 *Leptobotia pellegrini* (Fang, 1936)

【俗名】红沙鳅钻、火军

【习性】喜群居于河流的沙砾或石缝中，以小鱼或者环节动物为食料。

【价值】具一定的食用价值。

【分布】主要分布于我国东南部水系，珠江水系主要分布在广西的红水河、柳江、黔江、左江和右江等江段，资源量较少。

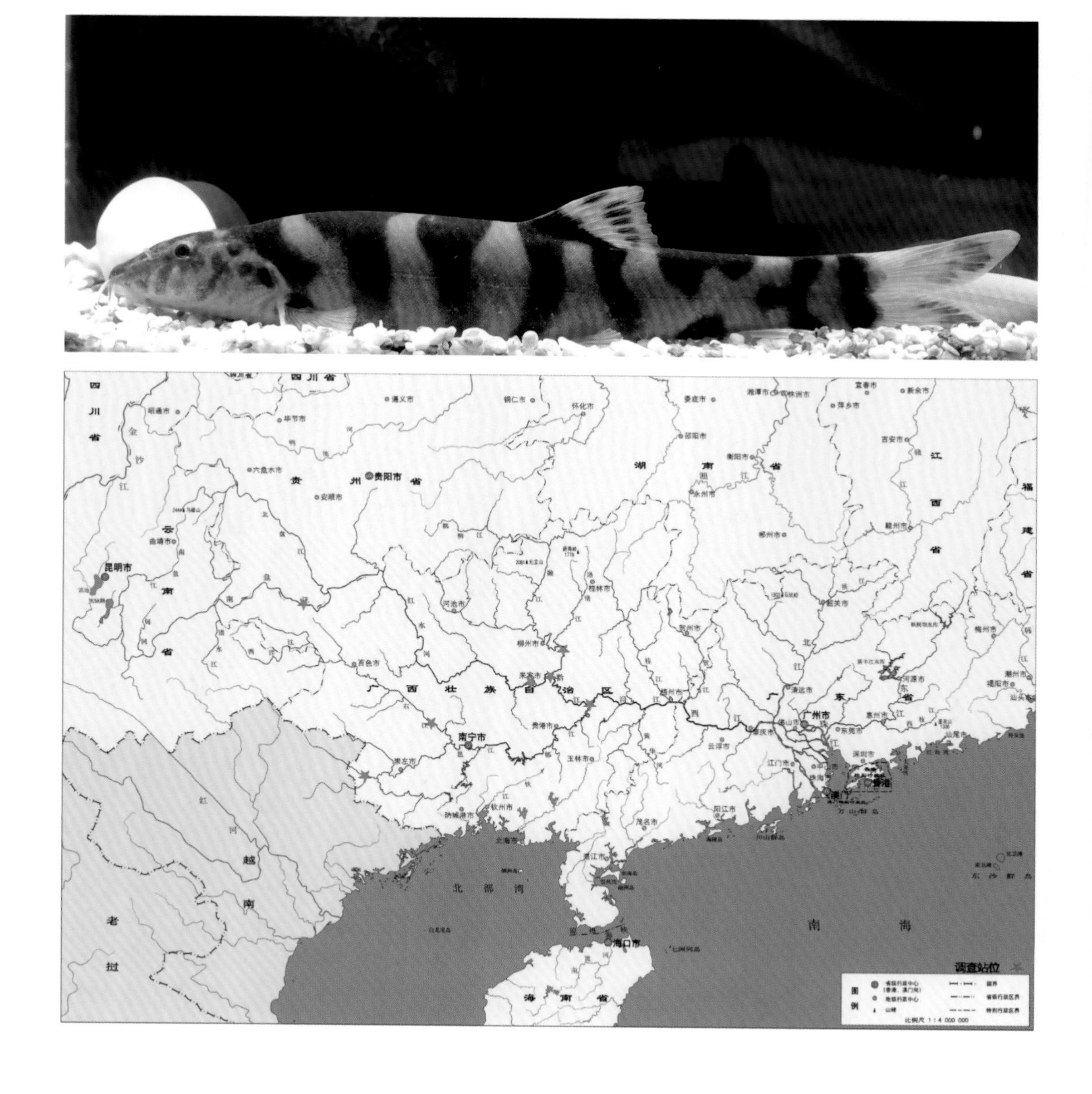

13. 中华花鳅 *Cobitis sinensis* (Sauvage & Dabry de Thiersant, 1874)

【俗名】花泥鳅

【习性】生活于底质为砂石或泥沙的江河溪流，要求水质清澈。食性杂，可食小型底栖生物，或滤食泥沙中的食物碎屑和藻类。繁殖习性不详。

【价值】个体较小，数量不多，经济价值不大。

【分布】分布于我国黄河以南水系。珠江水系主要分布在左江、右江、红水河、柳江、黔江、桂江、东江和北江，资源量较丰富。

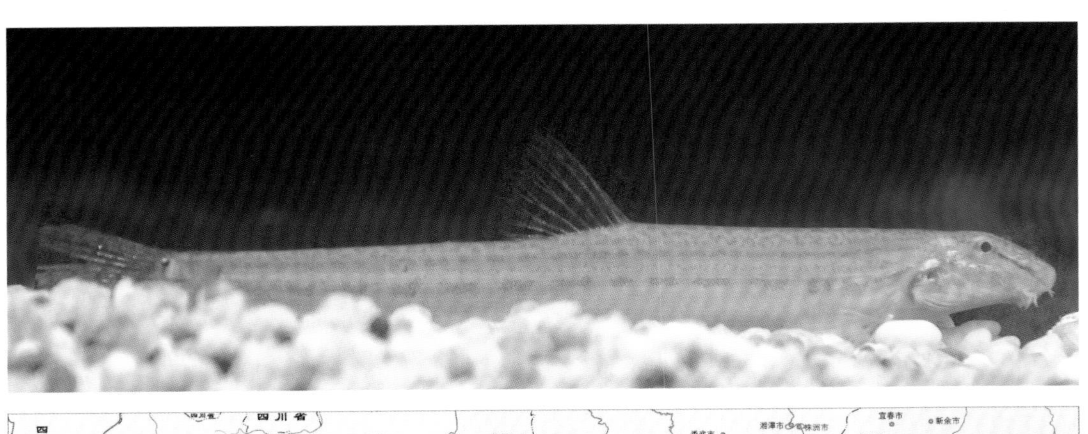

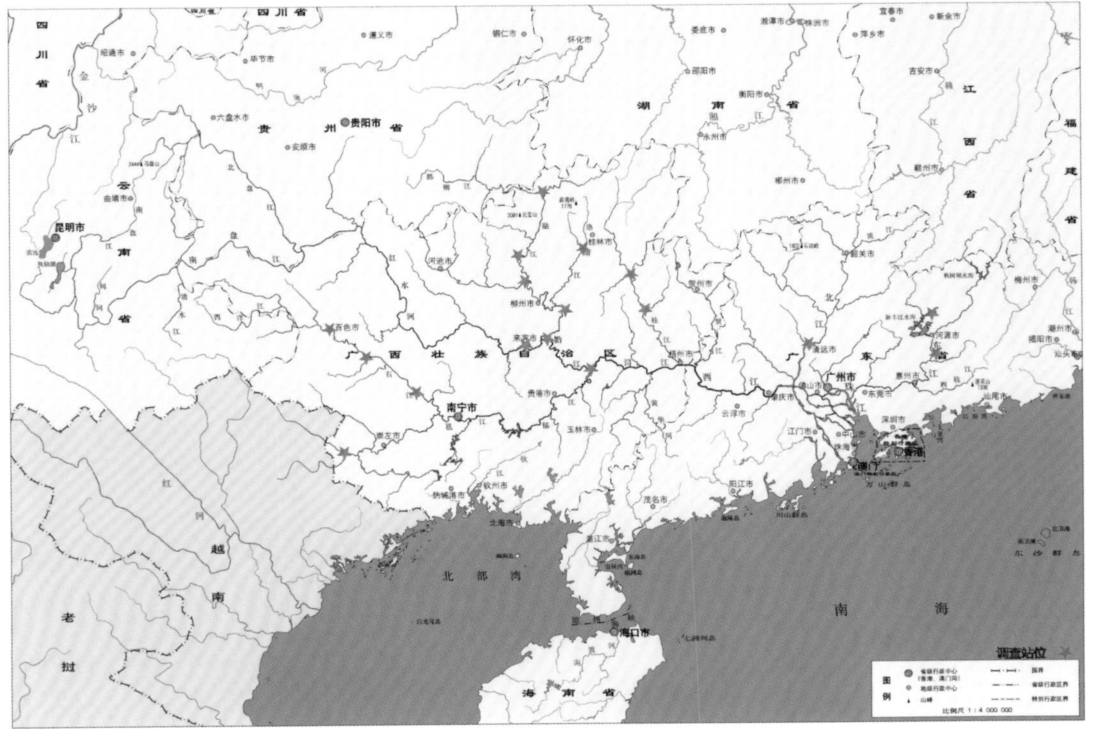

14. 泥鳅 *Misgurnus anguillicaudatus* (Cantor, 1842)

【俗名】鱼鳅、泥鳅鱼

【习性】小型底层鱼类，生活在淤泥底的静止或缓流水体内，可进行肠呼吸。以各类小型动物为食。分批产卵，集中在 5 ～ 6 月产卵。

【价值】我国重要养殖鱼类，营养丰富，具有重要的食用价值。

【分布】分布于东亚各水系。珠江水系各江段均有分布，资源丰富。

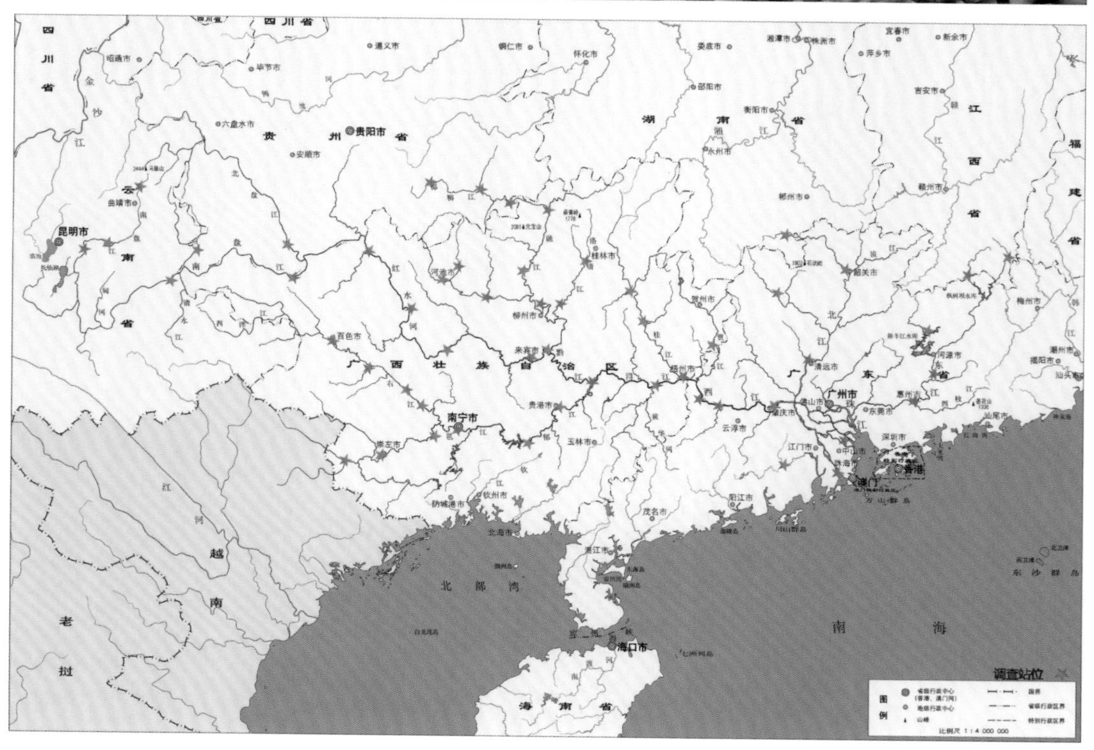

15. 宽鳍鱲 *Zacco platypus* (Temminck & Schlegel, 1846)

【俗名】白哥、克浪、白鱼、扒佬

【习性】喜栖居于山涧中，常与马口鱼同域分布。以浮游甲壳类为食，兼食一些藻类、小鱼及水底的腐殖质。

【价值】含脂量高，产量也较高，为普通食用杂鱼之一，为山区的主要经济鱼类之一。具有一定的药用价值。

【分布】广泛分布于东亚各水系。珠江水系各江段均有分布，具有一定的资源量。

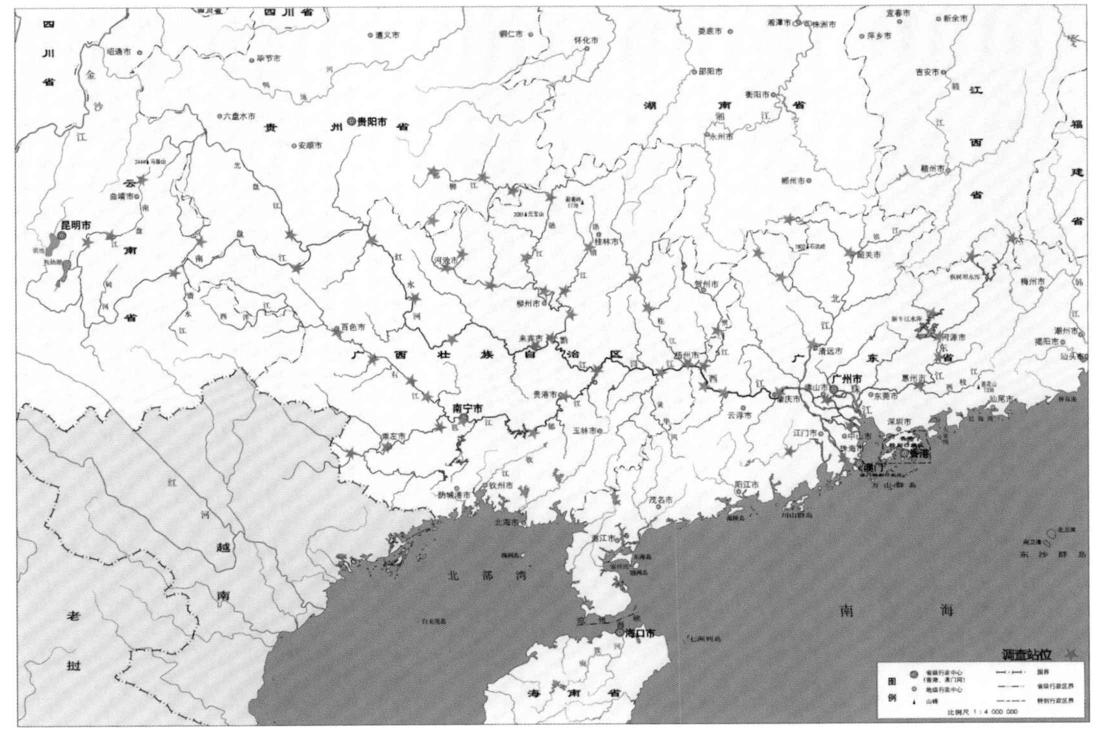

16. 马口鱼 *Opsariichthys bidens* (Günther, 1873)

【俗名】桃花鱼、宽口、红车公

【习性】生活于山涧中，尤其是在水流较急的浅滩，底质为砂石的小溪或江河支流中。性凶猛，以小鱼和水生昆虫为食，兼食一些藻类及水底的腐殖质。5～6月产卵，1龄性成熟。

【价值】具有一定的经济价值，在生物多样性保护和生态系统中起着重要的指示作用。

【分布】广泛分布于东亚各水系。珠江水系各江段均有分布，与宽鳍鱲同域分布，具有一定的资源量。

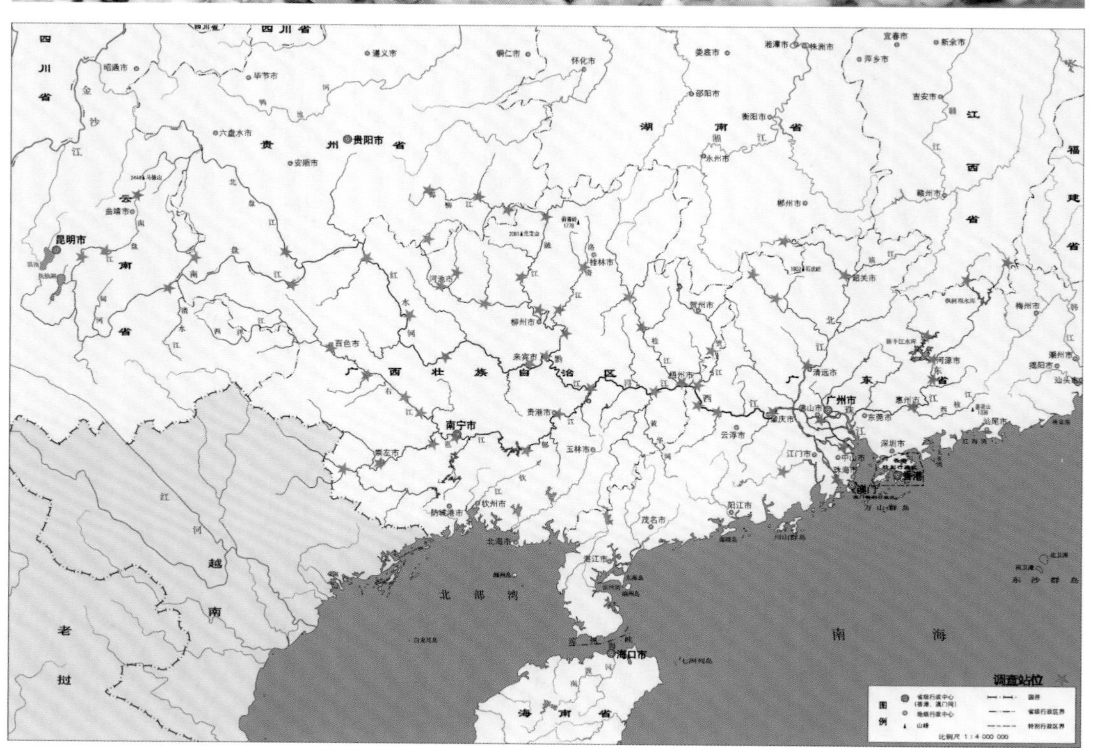

17. 唐鱼 *Tanichthys albonubes* (Lin, 1932)

【俗名】白云山鱼

【习性】生活于山涧中，以一些浮游动物与腐殖质为食。5～6月产卵，1龄性成熟。

【价值】国家二级保护动物。

【分布】珠江水系主要分布在桂平市、广州市从化、清远市等山涧中，呈片段化分布，资源量稀少。

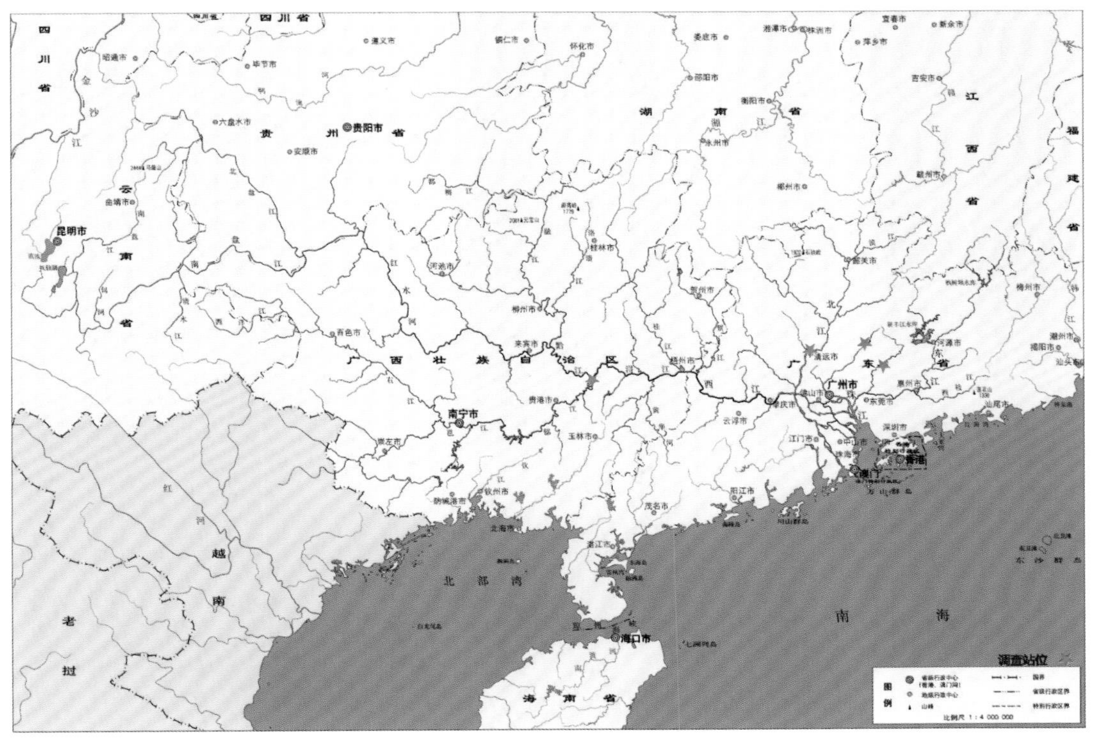

18. 青鱼 *Mylopharyngodon piceus* (Richardson, 1846)

【俗名】乌混、黑混

【习性】栖息在水的中下层。温和型肉食性鱼类，主要以螺蛳、蚌、蚬、蛤等为主，亦捕食虾和昆虫幼虫。在鱼苗阶段，主要以浮游动物为食。繁殖期在 3 ～ 6 月，在江河流水中产卵，卵为漂流性，4 ～ 5 龄性成熟。

【价值】我国“四大家鱼”之一，也是重要的养殖种类，具有重要的经济价值和药用价值。

【分布】广泛分布于我国各水系。珠江水系各江段均有分布，但是资源衰退严重。

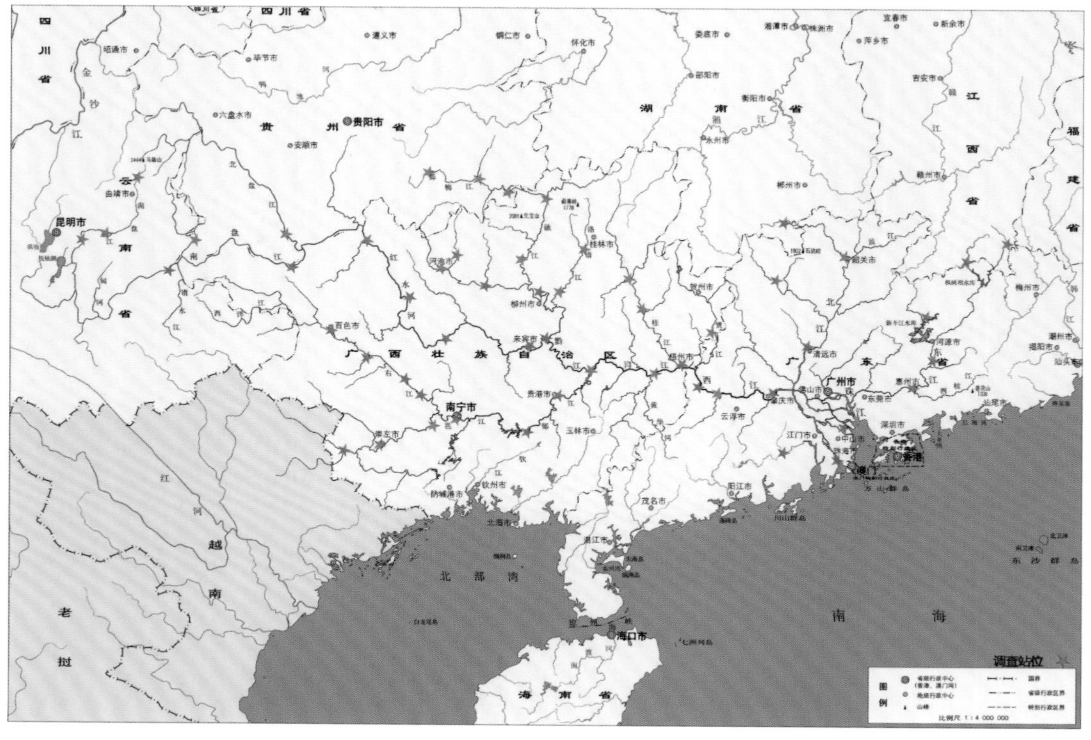

19. 草鱼 *Ctenopharyngodon idella* (Valenciennes, 1844)

【俗名】鲩、油鲩、草鲩

【习性】栖息在水的中下层。温和型植食性鱼类，以水生植物等为主，幼鱼捕食幼虫和藻类。繁殖期在 3 ～ 6 月，在江河流水中产卵，卵为漂流性，4 ～ 5 龄性成熟。

【价值】我国“四大家鱼”之一，也是重要的养殖种类，具有重要的经济价值和药用价值。

【分布】广泛分布于我国各水系。珠江水系各江段均有分布，具有一定的资源量。

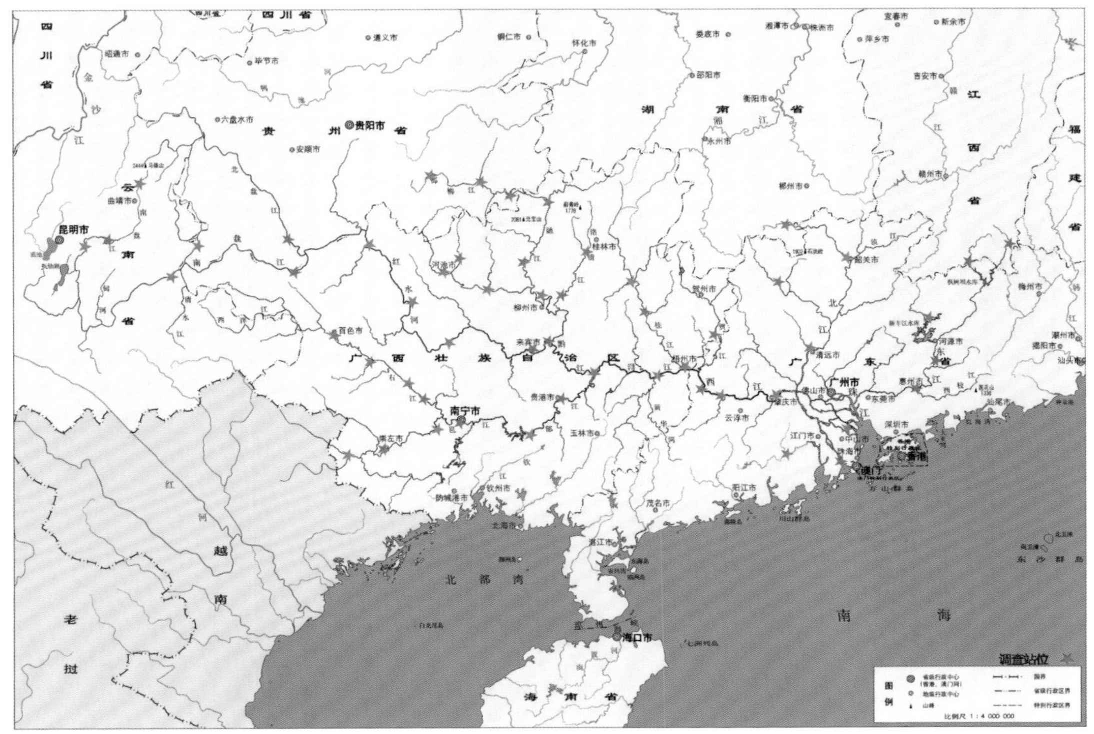

20. 鳤 *Ochetobius elongatus* (Kner, 1867)

【俗名】香花鳡、钻心鳡、长鳔、蕉心鳡

【习性】大型凶猛型鱼类，生活在江河或湖泊等水体的开阔水面的中层。以枝角类、小鱼为主要食物来源。繁殖期在 4 ～ 6 月，3 ～ 5 龄性成熟。成熟亲鱼上溯至江河水流较急的场所进行繁殖，产浮性卵。

【价值】极危物种。

【分布】分布于长江以南各水系。珠江水系分布较广泛，近期普查仅在西江水系的广西天峨县至广东肇庆江段有零星分布，资源量极少。

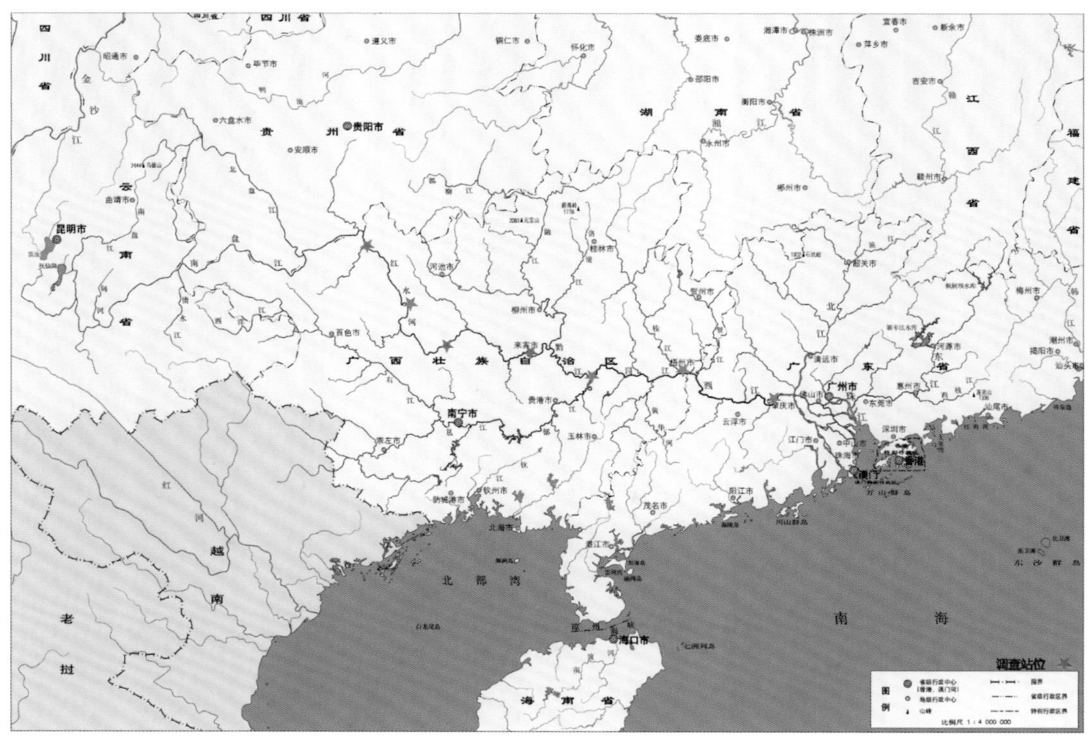

21. 鳡 *Elopichthys bambusa* (Richardson, 1845)

【俗名】齐头鳡、黄口鳡、宽头鳡、马纳鱼

【习性】生活在江河、湖泊、水库等水体的开阔水面，大型凶猛型经济鱼类，以其他鱼类为食，繁殖期为 5 ～ 6 月，4 ～ 5 龄性成熟。成熟亲鱼上溯至江河水流较急的场所进行繁殖，产浮性卵。

【价值】肉质细嫩，富含脂肪，具有重要的食用价值和药用价值。

【分布】分布于我国各水系。珠江流域的常见经济鱼类，近期调查主要分布在广西天峨县至广东肇庆江段，以及柳江、北江和东江部分江段，资源量较少。

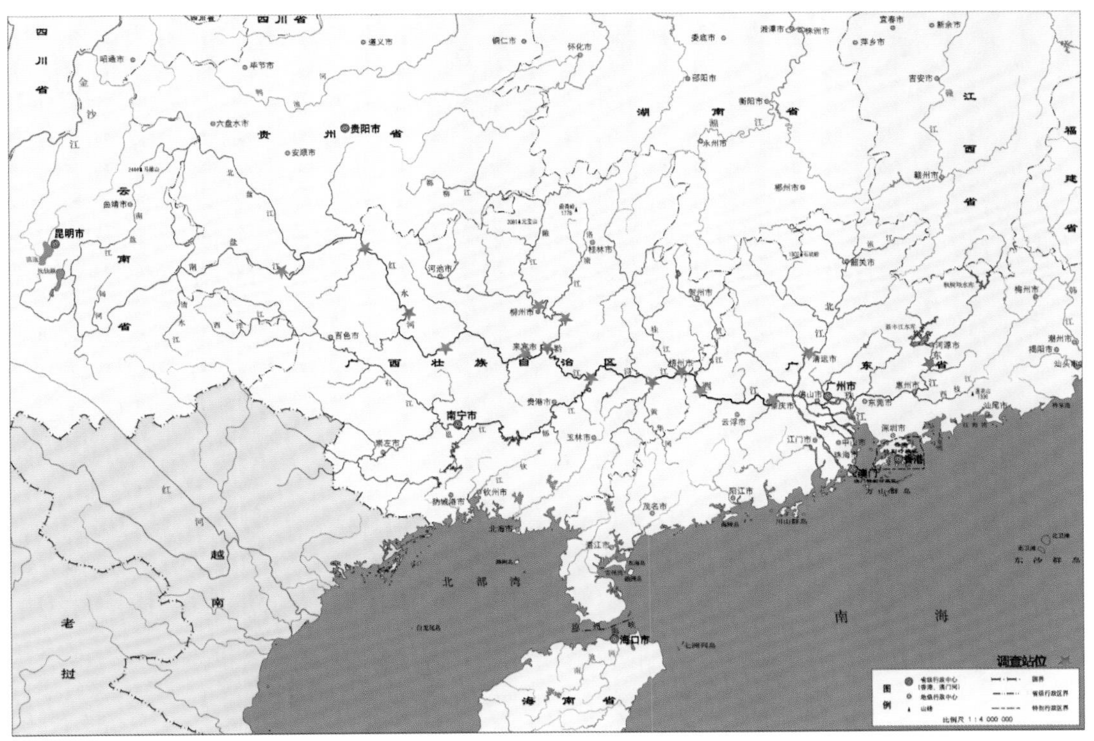

22. 赤眼鳟 *Squaliobarbus curriculus* (Richardson, 1846)

【俗名】红眼鱼

【习性】江河中层鱼类，生活适应性强，善跳跃，易惊而致鳞片脱落受伤；食性杂，藻类、有机碎屑、水草等均可摄食。繁殖期在 4 ～ 9 月，产沉性卵，2 龄可达性成熟。

【价值】营养价值高，优质淡水鱼类。

【分布】遍布全国各水系，珠江水系各个江段均有分布，资源量丰富。

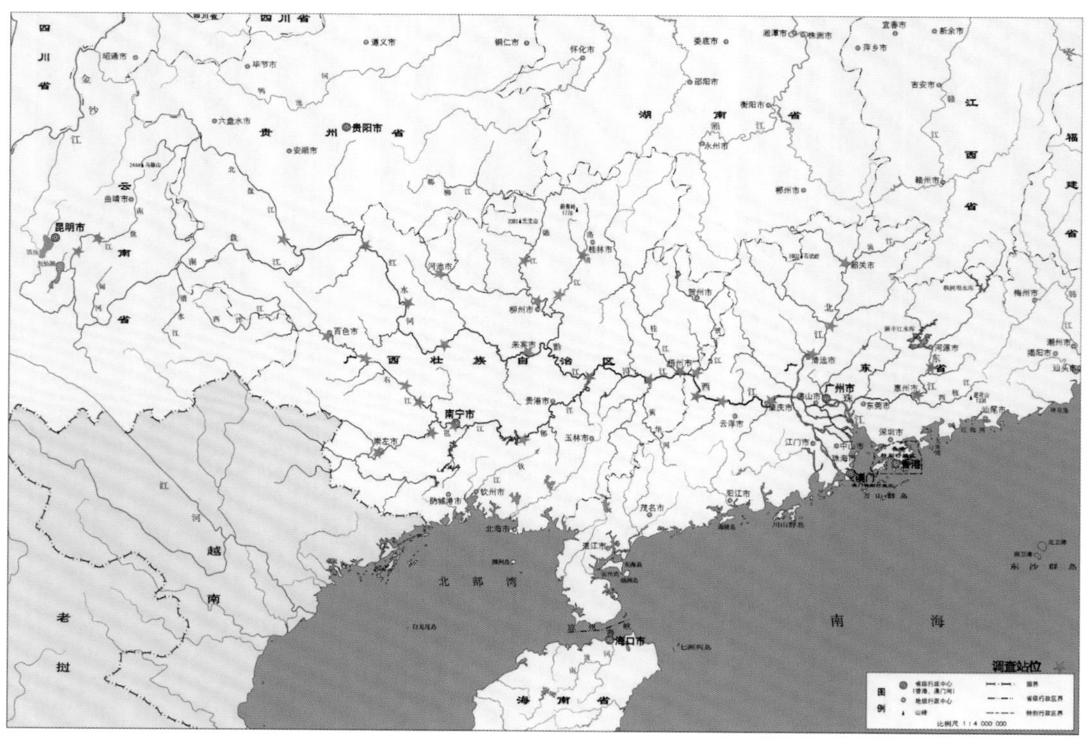

23. 红鳍原鲌 *Cultrichthys erythropterus* (Basilewsky, 1855)

【俗名】短尾鲌、黄掌皮、黄尾鲹、红梢子、巴刀

【习性】栖息在水草繁茂的湖泊中，也可生活在江河的缓流里。一般以小鱼为食，亦食少数的虾、昆虫和浮游动物。繁殖期在 5 ～ 7 月，2 龄达到性成熟。

【价值】具有一定的经济价值和药用价值。

【分布】全国均有分布。珠江水系主要分布在红水河、柳江、郁江、左江、右江、黔江、浔江和珠江三角洲河网地区，具有一定资源量。

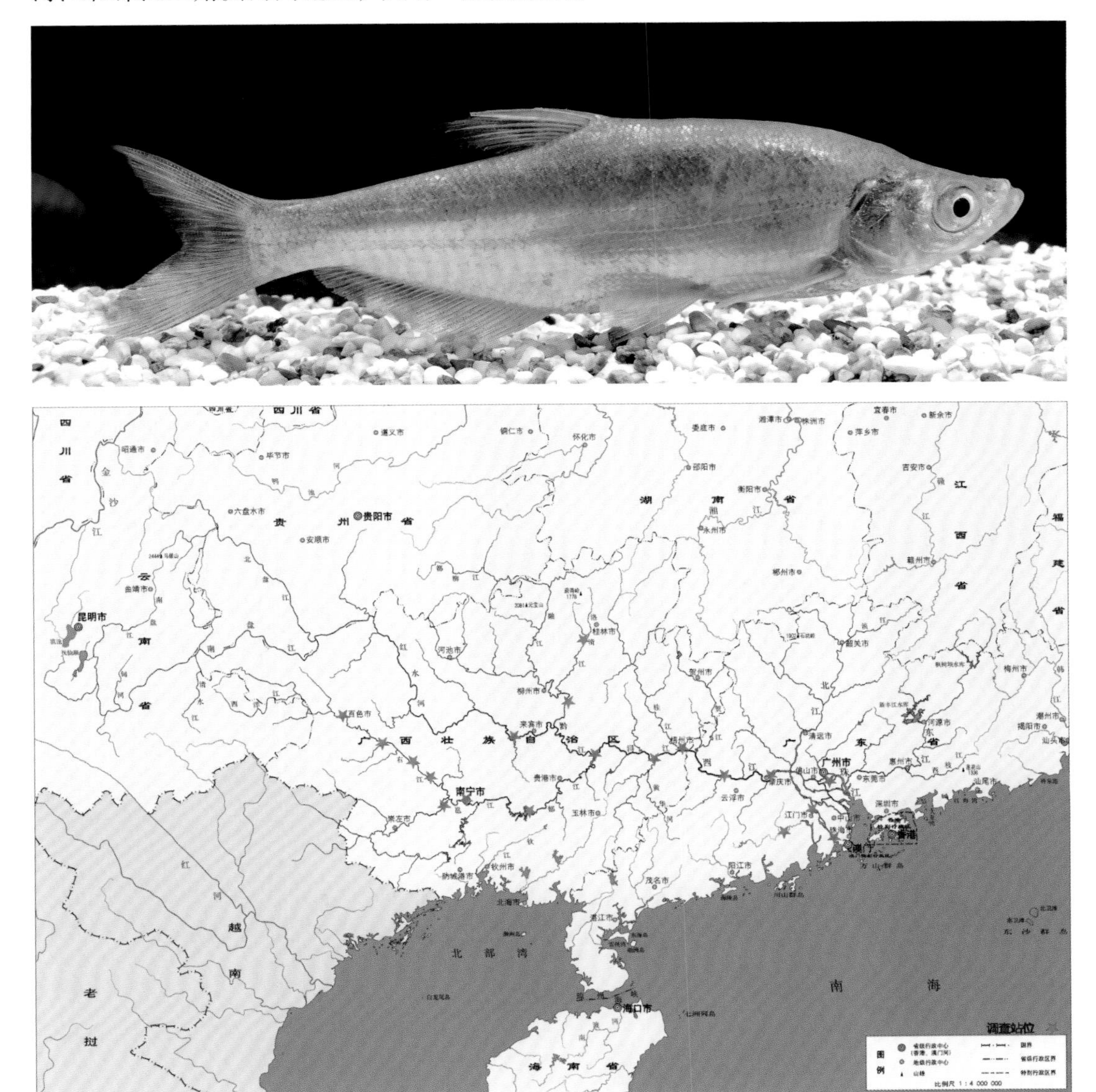

24. 银飘鱼 *Pseudolaubuca sinensis* (Bleeker, 1864)

【俗名】飘鱼、蓝片子、蓝刀片、薄削

【习性】生活在江河、湖泊的中下层，喜欢漂泊于浅水地区。以小鱼、浮游动物及植物碎屑为食。繁殖期在 5 ～ 6 月。

【价值】常见小型鱼类，是较普遍的食用鱼，具有一定的经济价值。

【分布】广布于我国各个主要水系。珠江水系主要分布在左江、右江、郁江、红水河下游、黔江、浔江、东江、北江和西江，资源量较丰富。

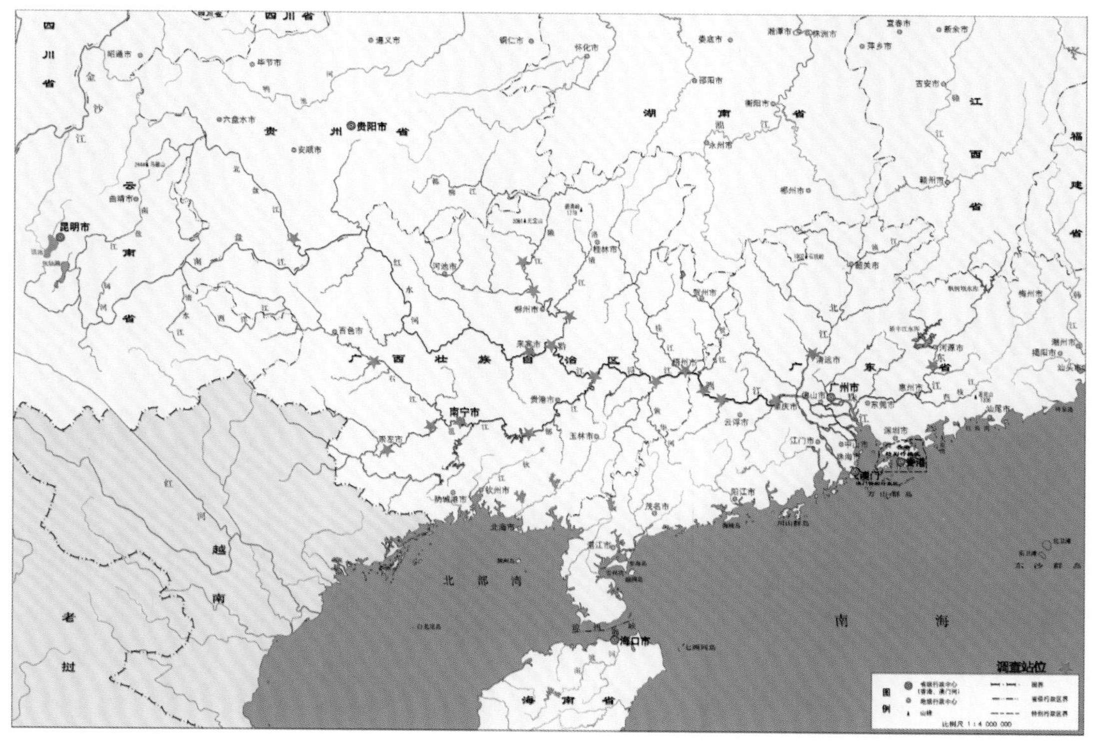

25. 鳊 *Parabramis pekinensis* (Basilewsky, 1855)

【俗名】鳊鱼、长春鳊、草鳊

【习性】生活在水体中下层；草食性鱼类，幼鱼以浮游动物和藻类为食，成鱼以水生高等生物为食，兼食轮虫、藻类等。3 月下旬至 8 月下旬产卵，产漂流性卵，2 龄性成熟。

【价值】脂肪含量高，肉味鲜美，是当地重要的食用鱼类。

【分布】我国东部各水系均有分布。珠江水系主要分布在红水河下游至珠江三角洲河网，以及桂江、郁江和东江，资源量较丰富。

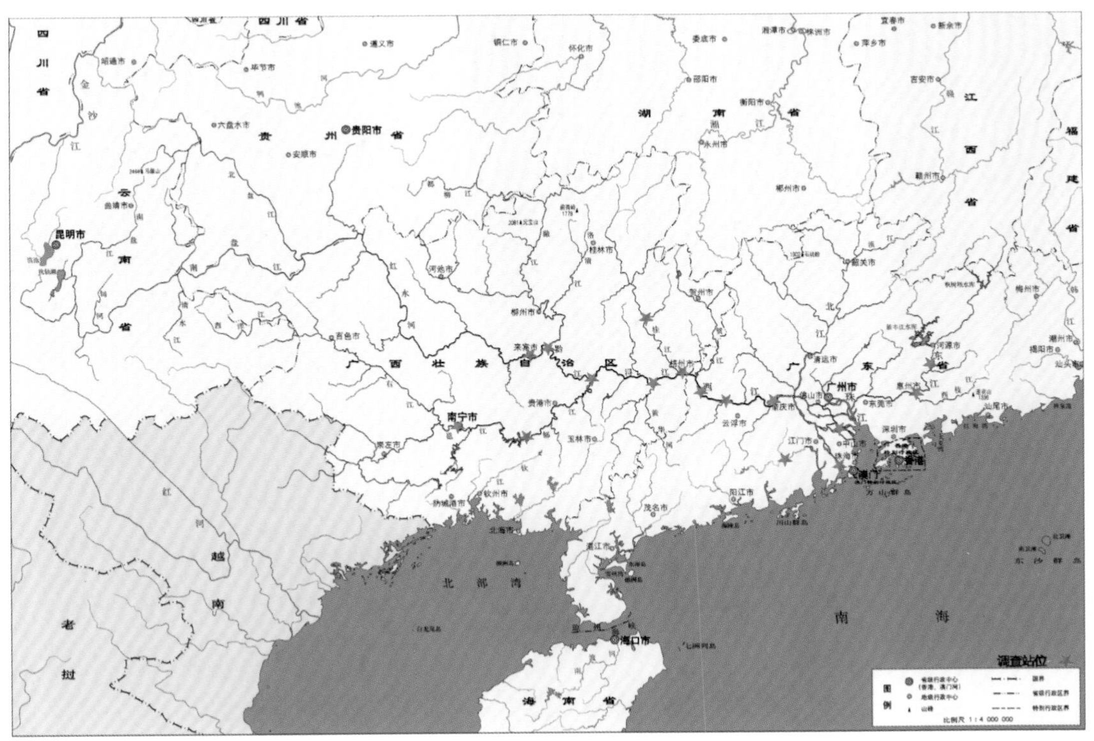

26. 海南似稣 *Toxabramis houdemeri* (Pellegrin, 1932)

【俗名】薄削、鳞刀、蓝刀

【习性】栖息于水体的中上层。

【价值】常见鱼类，个体小，数量少，经济价值不高。

【分布】珠江水系和海南岛均有分布。珠江水系主要分布在左江、右江、桂江、红水河、浔江、西江、东江和珠江三角洲河网，具有一定的资源量。

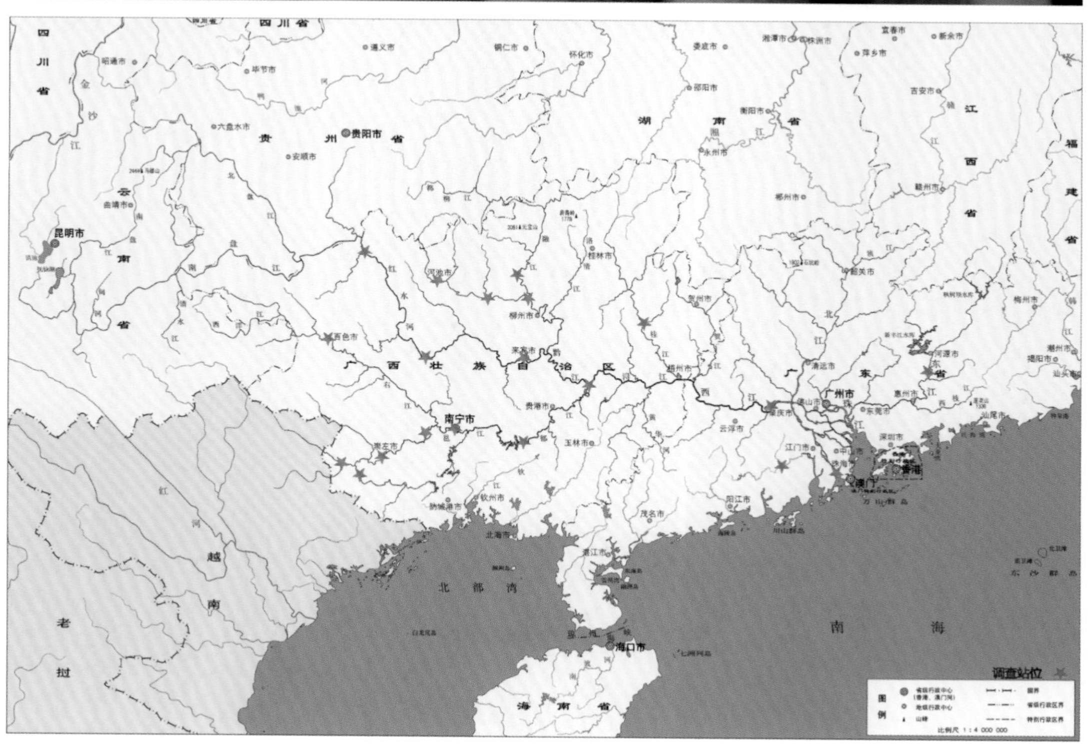

27. 鳘 *Hemiculter leucisculus* (Basilewsky, 1855)

【俗名】参鱼、蓝刀

【习性】群居于江河、湖泊及水库等水域的上层；杂食性小型鱼类，以藻类、高等植物碎屑、水生昆虫等为食。4 ～ 5 月产卵，黏性卵，1 龄性成熟。

【价值】可作为大型经济鱼类的饵料，同时也具有一定的食用价值。

【分布】全国各水系均有分布。在珠江水系分布较广，资源量丰富。

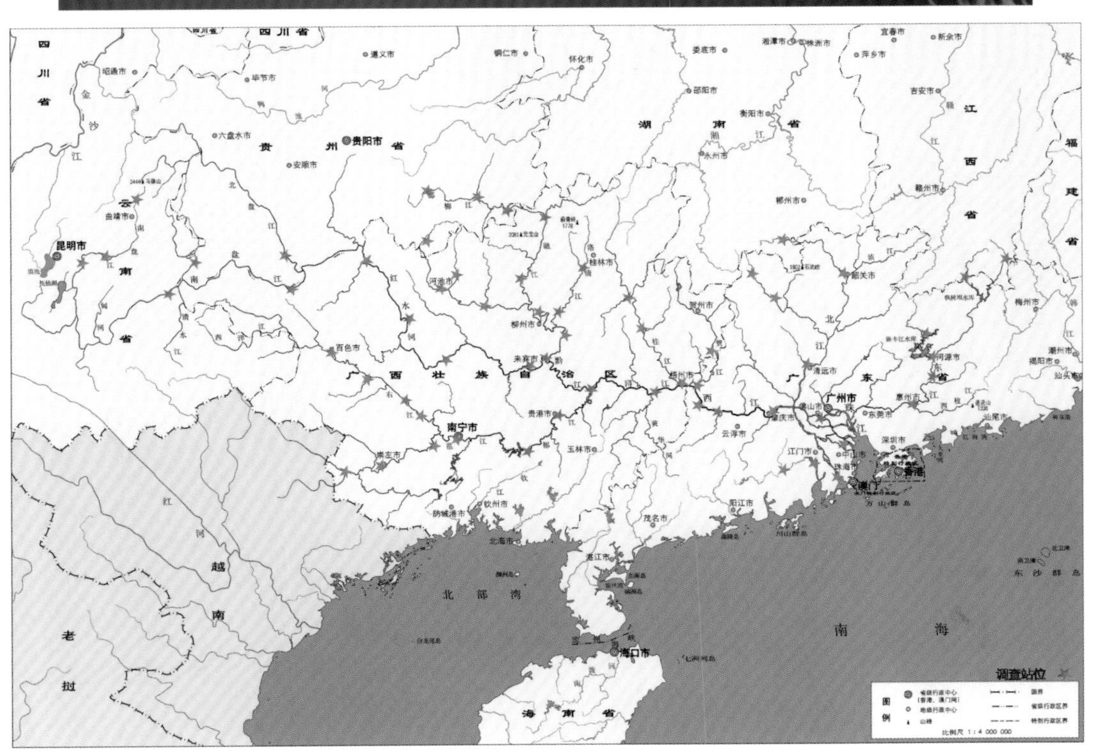

28. 伍氏半䱗 *Hemiculterella wui* (Wang, 1935)

【俗名】蓝刀

【习性】生活习性、食性和繁殖习性不详，可能与䱗相似。

【价值】可作为大型经济鱼类的饵料，同时也具有一定的食用价值。

【分布】全国各水系均有分布。珠江水系主要分布在红水河、柳江、右江、桂江、西江、北江和东江，资源量较少。

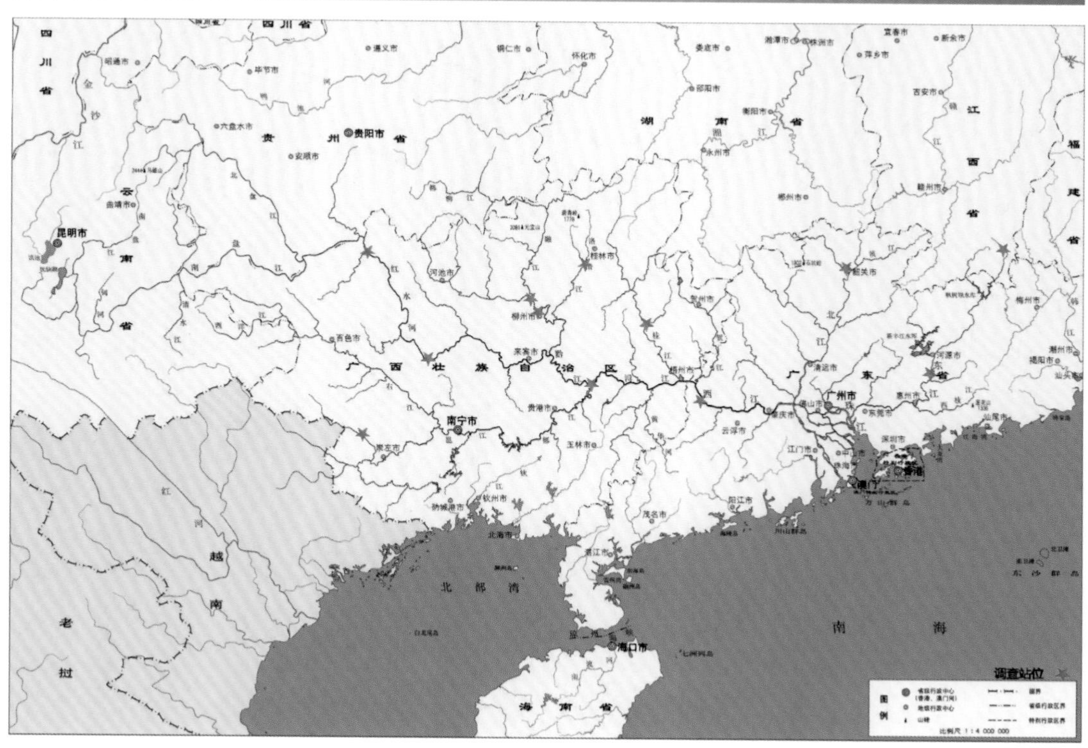

29. 南方拟䱗 *Pseudohemiculter dispar* (Peters, 1881)

【俗名】蓝刀、白条鱼

【习性】一般栖息于水体中上层。

【价值】常见鱼类，具有一定的经济价值。

【分布】主要分布在珠江水系的广西各江段与广东的北江部分江段，具有一定的资源量。

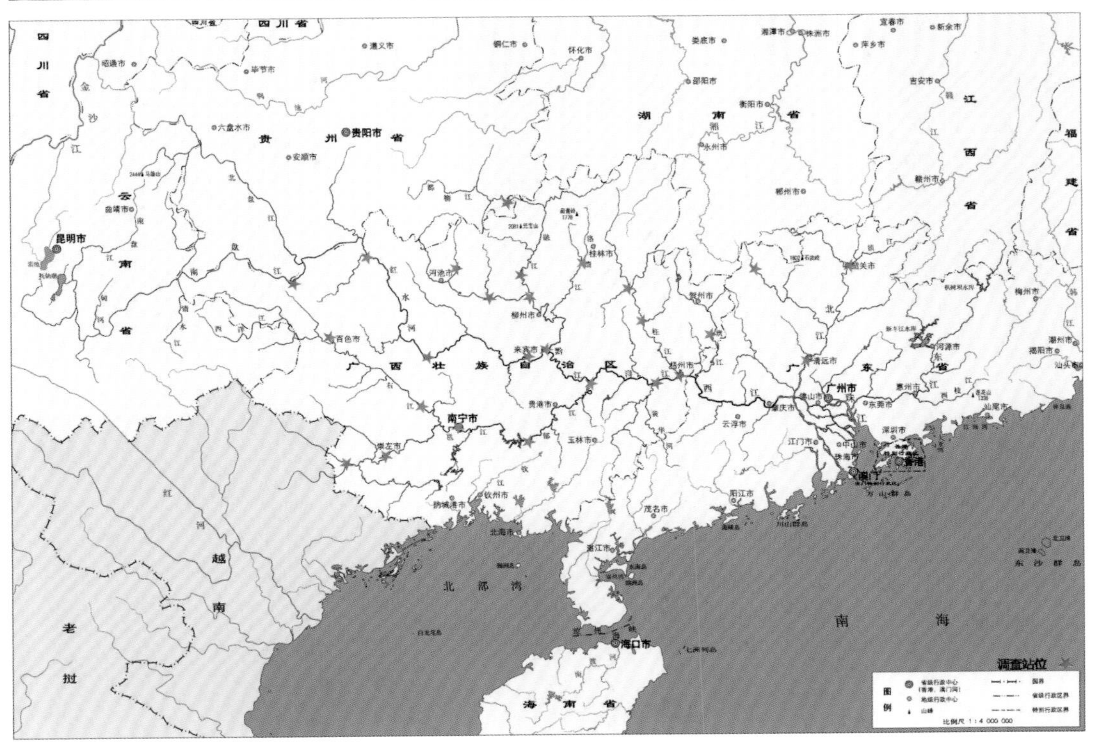

30. 广东鲂 *Megalobrama terminalis* (Richardson, 1846)

【俗名】花鳊、河鳊

【习性】生活在水体中下层，尤喜栖息于江河底质多淤泥或石砾的缓流处。食性杂，以水生植物及软体动物为食。3 ～ 9 月均产卵，2 ～ 3 龄性成熟。

【价值】肉鲜美，富含脂肪，为名贵食用鱼类。

【分布】珠江、韩江、海南岛等流域均有分布。珠江水系主要分布在广西武宣县至珠江三角洲河网的干流江段，以及东江和北江江段。

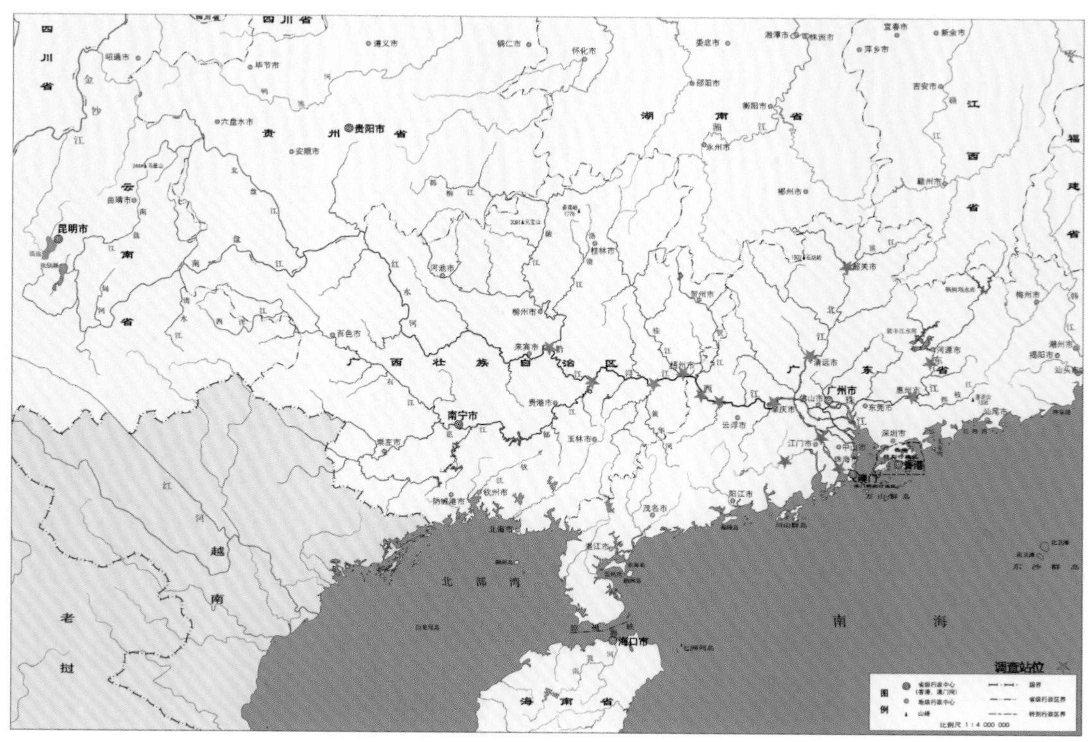

31. 团头鲂 *Megalobrama amblycephala* (Yih, 1955)

【俗名】武昌鱼

【习性】栖息于底质为淤泥、生长有沉水植物的敞水区的中下层，冬季喜在深水处越冬。草食性鱼类，以苦草、轮叶黑藻、眼子菜等沉水植物为食。产卵期在 5 ～ 6 月，一般 2 ～ 3 龄达性成熟，最小性成熟年龄为 2 龄，卵微黏性。

【价值】我国多地的养殖种类，具有重要的经济价值。

【分布】原产地是长江中下游湖泊，养殖逃逸至部分自然水体中。珠江水系主要分布在红水河、郁江、桂江、西江、北江、东江和珠江三角洲河网，自然水体中资源量不大。

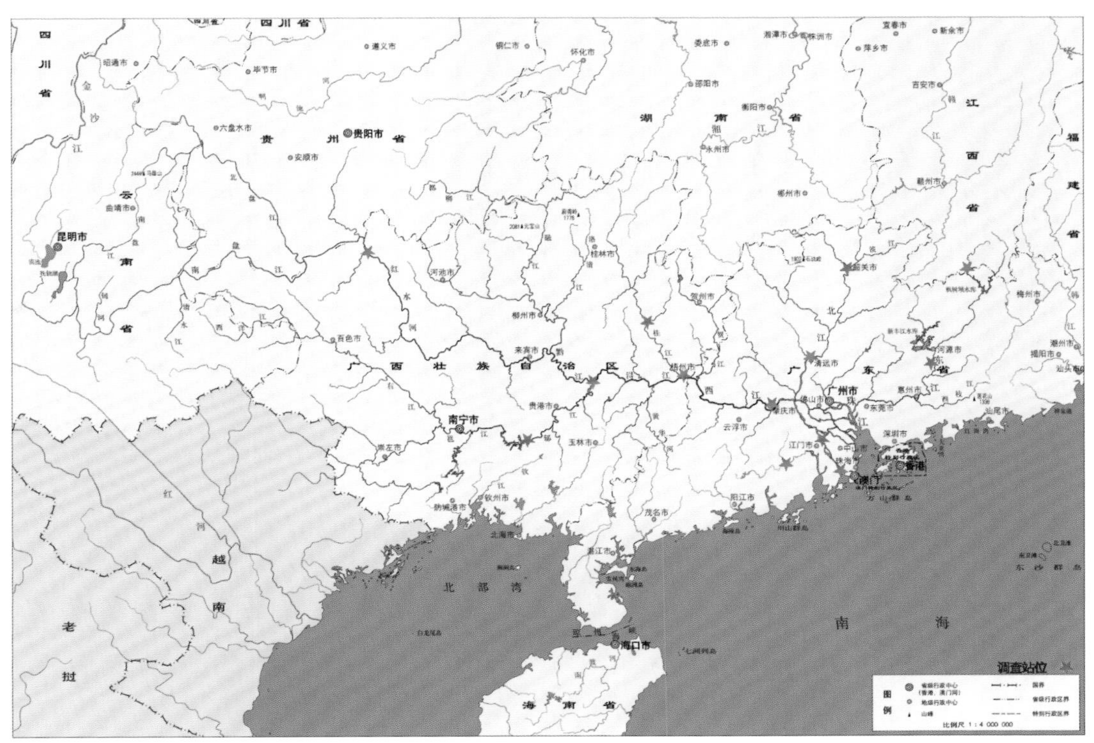

32. 翘嘴鲌 *Culter alburnus* (Basilewsky, 1855)

【俗名】翘嘴、白鱼、翘壳

【习性】中上层大型淡水经济鱼类。凶猛型鱼类，主要以小鱼、昆虫为食。雌鱼 3 龄达性成熟，雄鱼 2 龄即达成熟，亲鱼于 6 ～ 8 月在水流缓慢的河湾或湖泊浅水区集群进行繁殖活动，卵微黏性。产卵后大多进入湖泊摄食或在江湾缓流区肥育。

【价值】我国重要养殖种类，肉白而细嫩，味美而不腥，一贯被视为上等经济鱼类。

【分布】广泛分布于我国各水系。珠江水系主要分布在南盘江、北盘江、红水河、左江、郁江、柳江和西江等江段，具有一定的资源量。

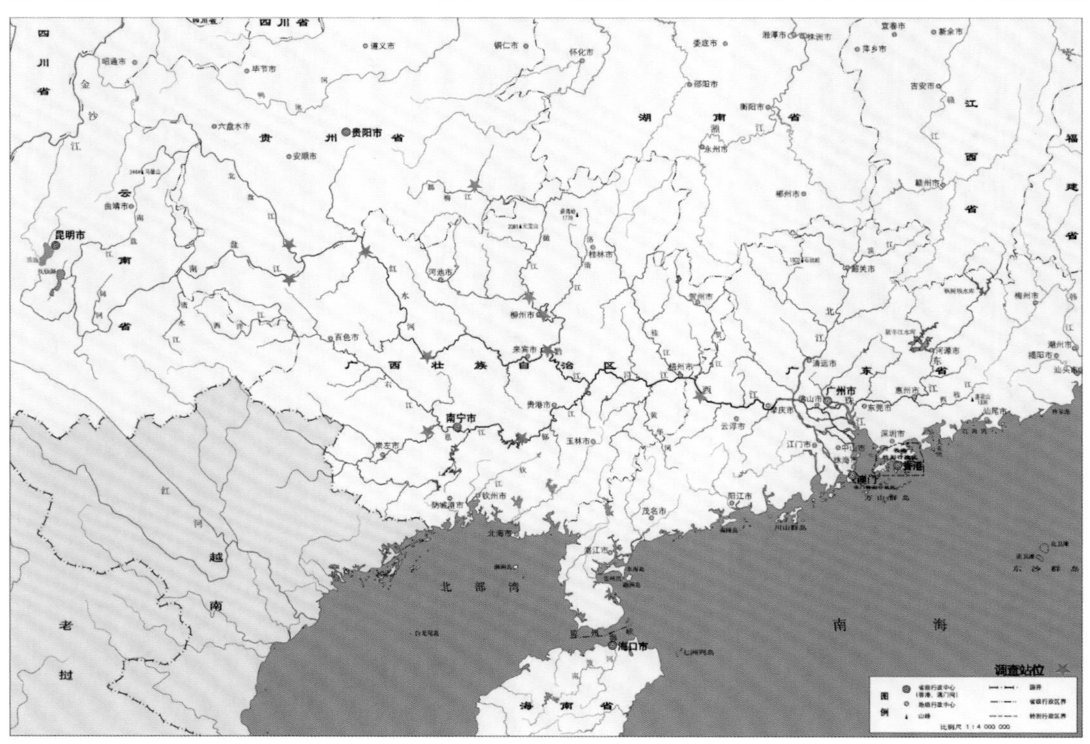

33. 海南鲌 *Culter recurviceps* (Richardson, 1846)

【俗名】翘嘴鱼、拗颈、昂石包

【习性】栖息于开阔水体的中上层。游动迅速，以掠捕鱼、虾为食。4 ～ 9 月产卵，性成熟年龄为 3 龄。

【价值】肉质细嫩，味鲜美，为华南地区重要经济鱼类。

【分布】珠江水系的常见经济鱼类，广泛分布于珠江水系各河流江段，资源量较丰富。

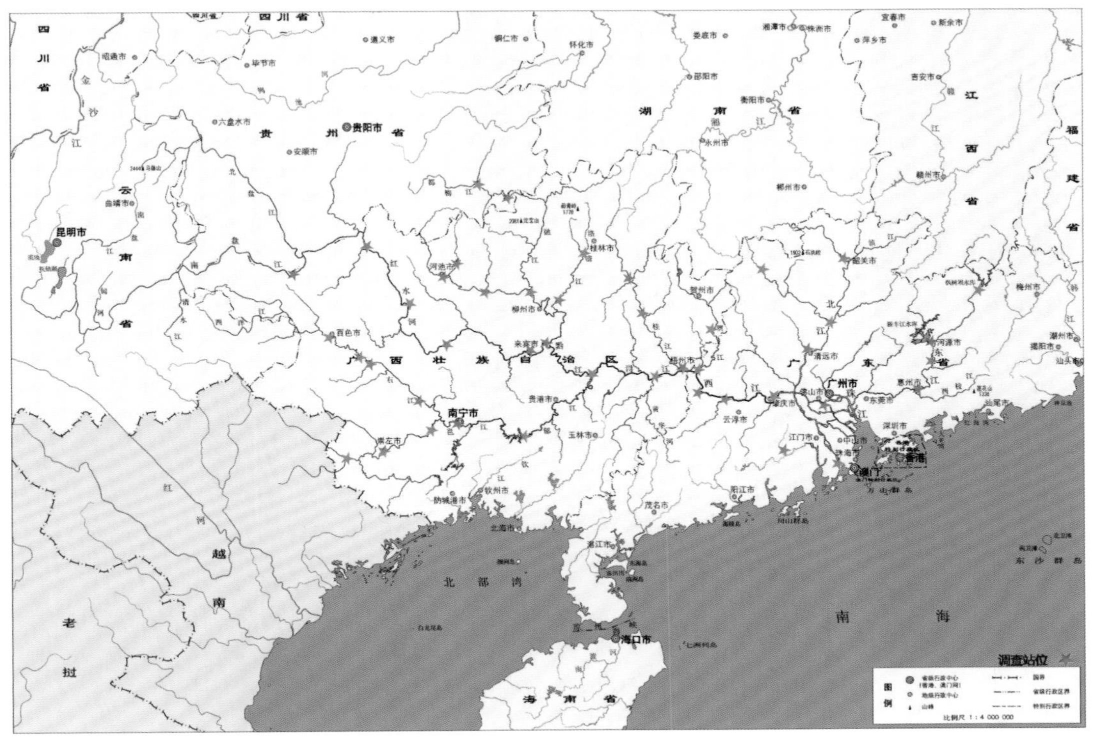

34. 大眼华鳊 *Sinibrama macrops* (Günther, 1868)

【俗名】大眼鱼

【习性】中小型鱼类，栖息在江河的缓流处。食性不详。

【价值】具有较高的营养价值，是开发利用前景广阔的优良养殖品种。

【分布】长江以南水系均有分布。珠江水系主要分布在右江、郁江、红水河、柳江、桂江、贺江、东江和北江，具有一定的资源量。

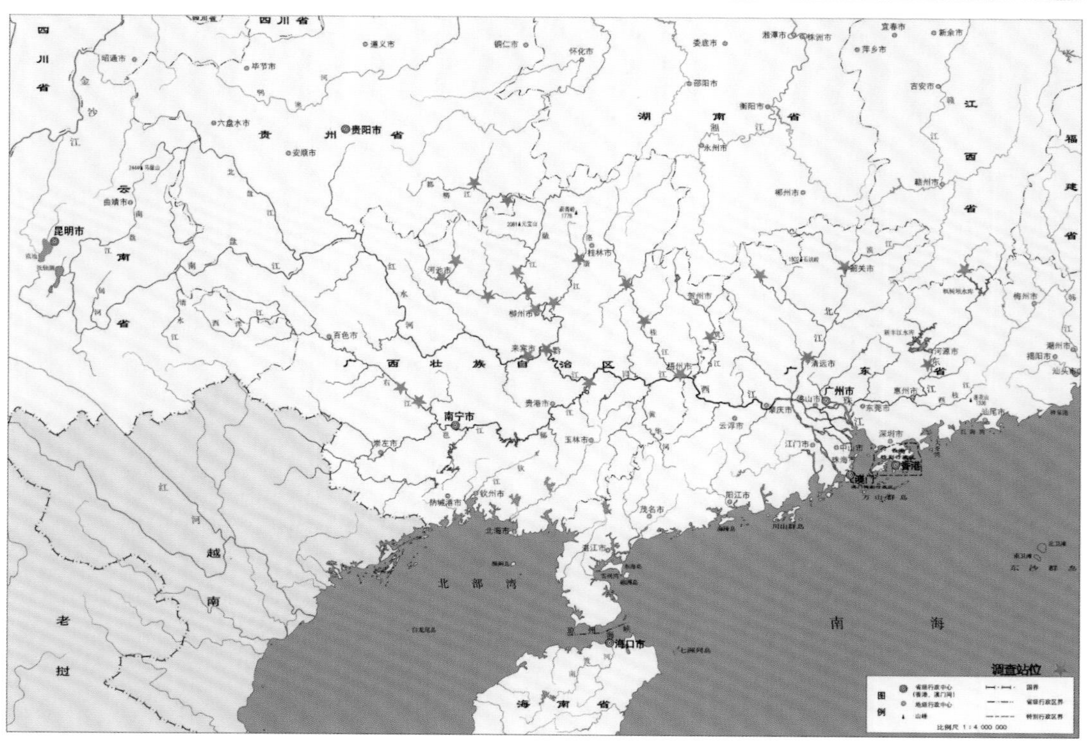

35. 大眼近红鲌 *Ancherythroculter lini* (Luo, 1994)

【俗名】大眼、翘鼻、大眼鸡

【习性】栖息在江河缓流的中上层。性凶猛，以小鱼为食。

【价值】个体小，因体色鲜艳，且雄鱼好斗，是著名的观赏鱼。

【分布】珠江水系的红水河、左江、右江、郁江、黔江、柳江、桂江、贺江和北江等江段，具有一定的资源量。

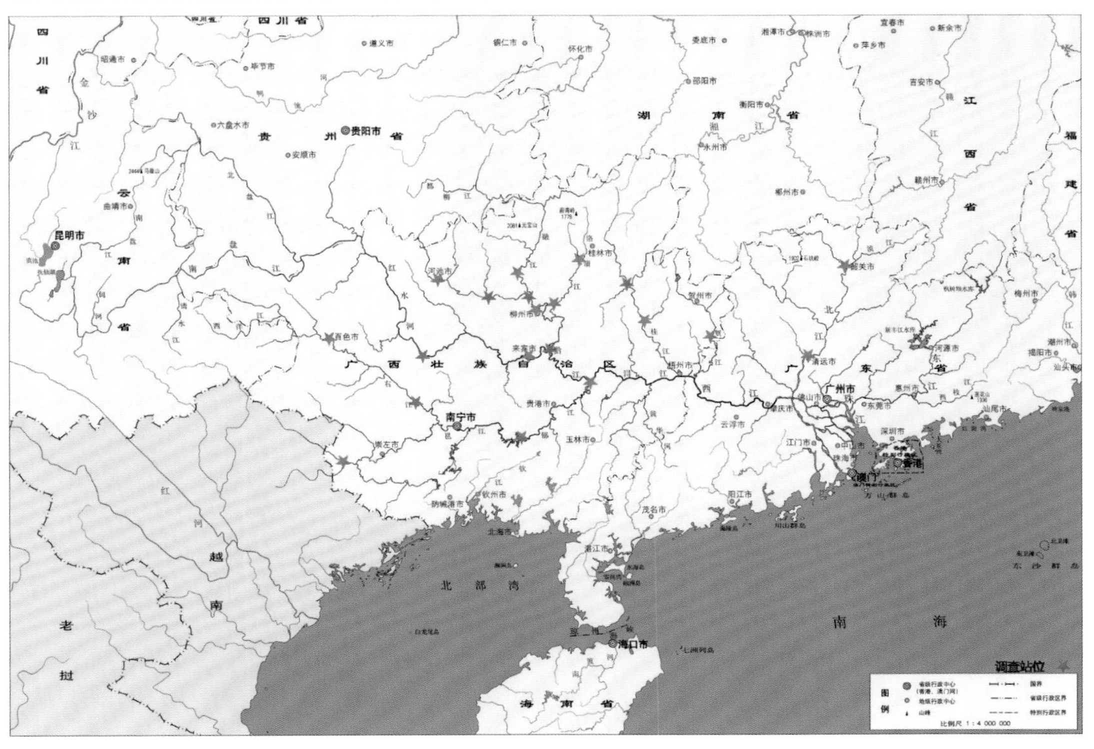

36. 圆吻鲴 *Distoechodon tumirostris* (Peters, 1881)

【俗名】青片、扁鱼

【习性】栖息于河川与湖泊的中下层水域。杂食性。在自然条件下，主要摄食周丛生物，包括丝状硅藻、蓝藻、绿藻，此外还食细菌、有机碎屑及少量浮游动物、水生昆虫等。性成熟年龄为 2 龄，属分批产卵类型，繁殖期在 5 ～ 8 月，其中 5 月为产卵高峰期，卵具黏性。

【价值】南方水体中的重要经济鱼类。

【分布】广布于黄河、长江、珠江和东部沿海河流。珠江水系主要分布在左江、郁江、柳江、桂江、红水河下游及东江部分江段，资源量不大。

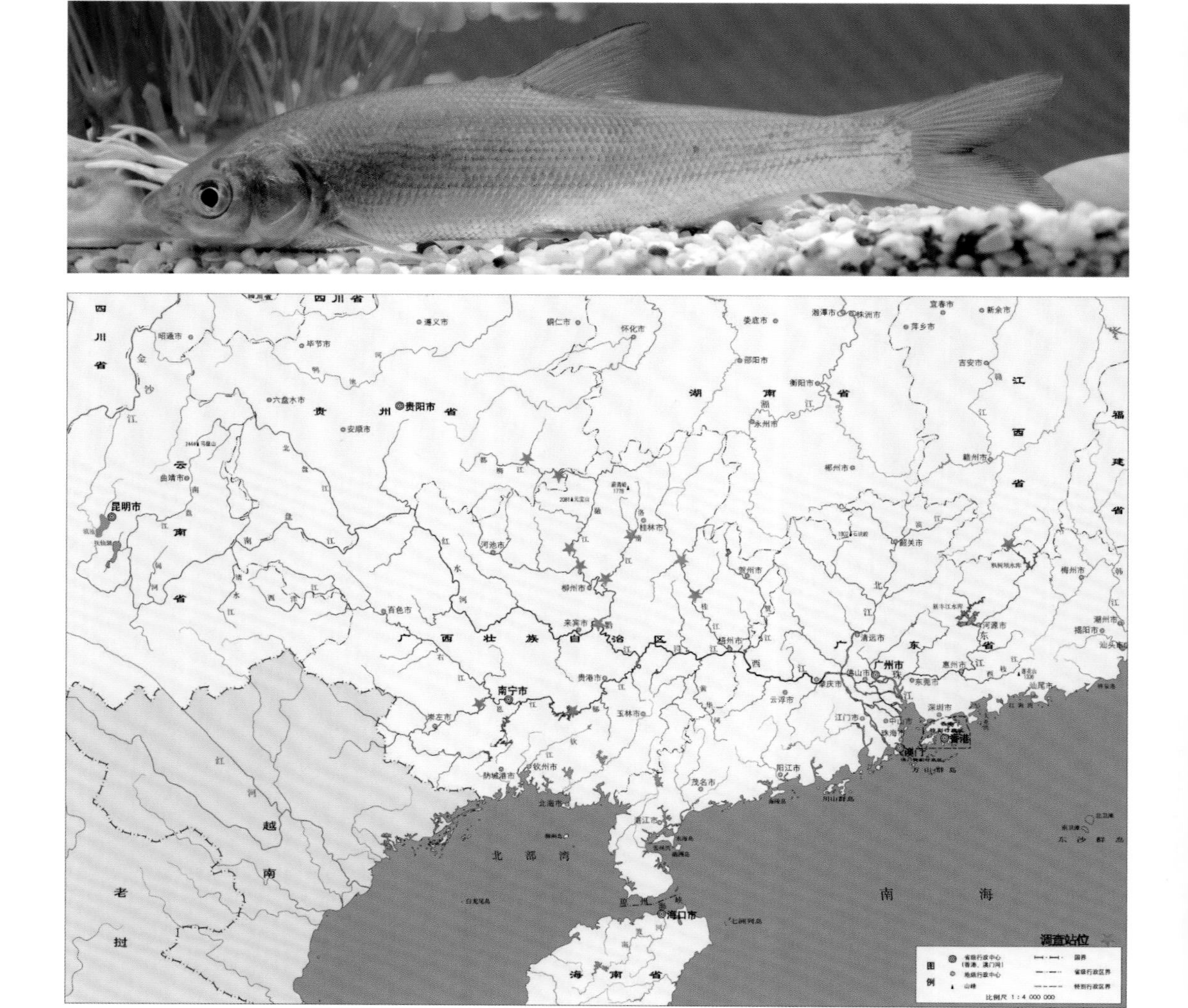

37. 银鲴 *Xenocypris argentea* (Bleeker, 1871)

【俗名】黄尾、沙黄

【习性】栖息于江河、湖泊的中下层。主要刮食着生藻类和高等植物碎屑，有时也以碎屑底泥为食。2 龄鱼可达性成熟，4 ～ 6 月在流水中产卵，卵漂流性。

【价值】常见经济鱼类，具有重要的经济价值。

【分布】广布于我国黑龙江、黄河、长江和珠江等水系。珠江水系主要分布在除南盘江、北盘江以外的河流江段，资源量较丰富。

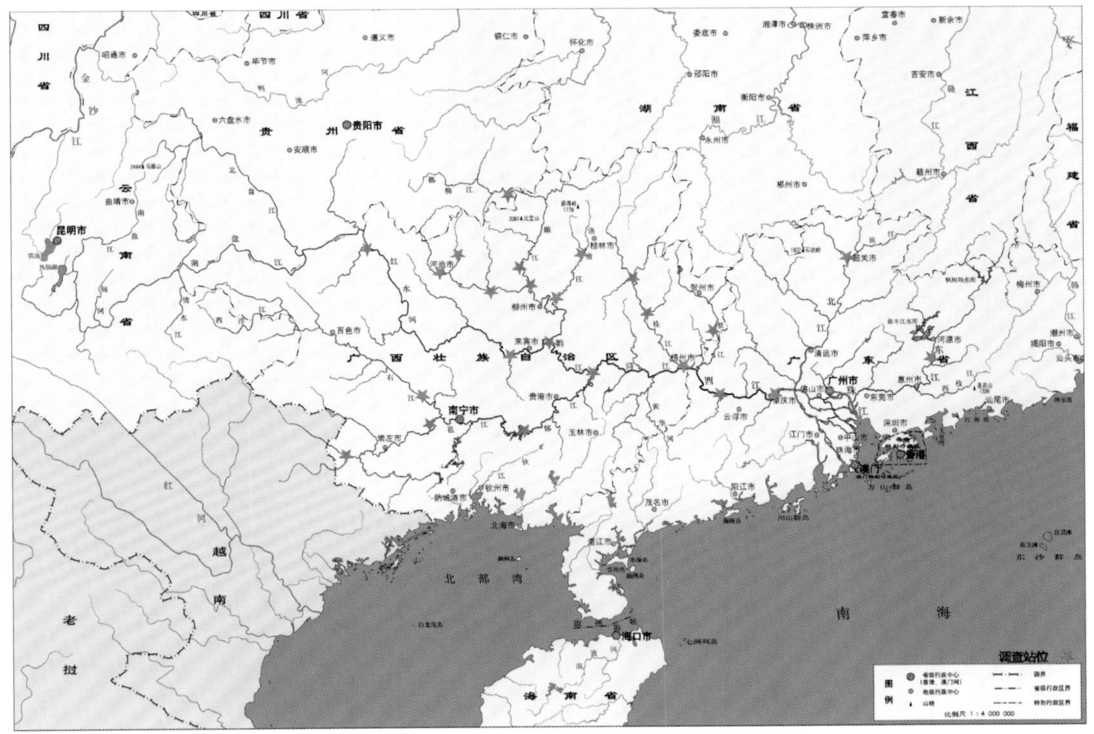

38. 黄尾鲴 *Xenocypris davidi* (Bleeker, 1871)

【俗名】黄尾、黄片、黄鱼、黄姑子

【习性】生活在江河、湖泊的底层。常以下颌角质边缘刮食底层着生藻类和高等植物碎屑。4～6月产卵，2龄性成熟。生殖季节亲鱼集群溯游到浅滩处产卵，卵黏性。

【价值】具有一定的经济价值。

【分布】分布于我国黄河以南各水系。珠江水系主要分布在左江、郁江、都柳江、柳江、红水河上游、浔江、东江、西江、北江和珠江三角洲河网，具有一定的资源量。

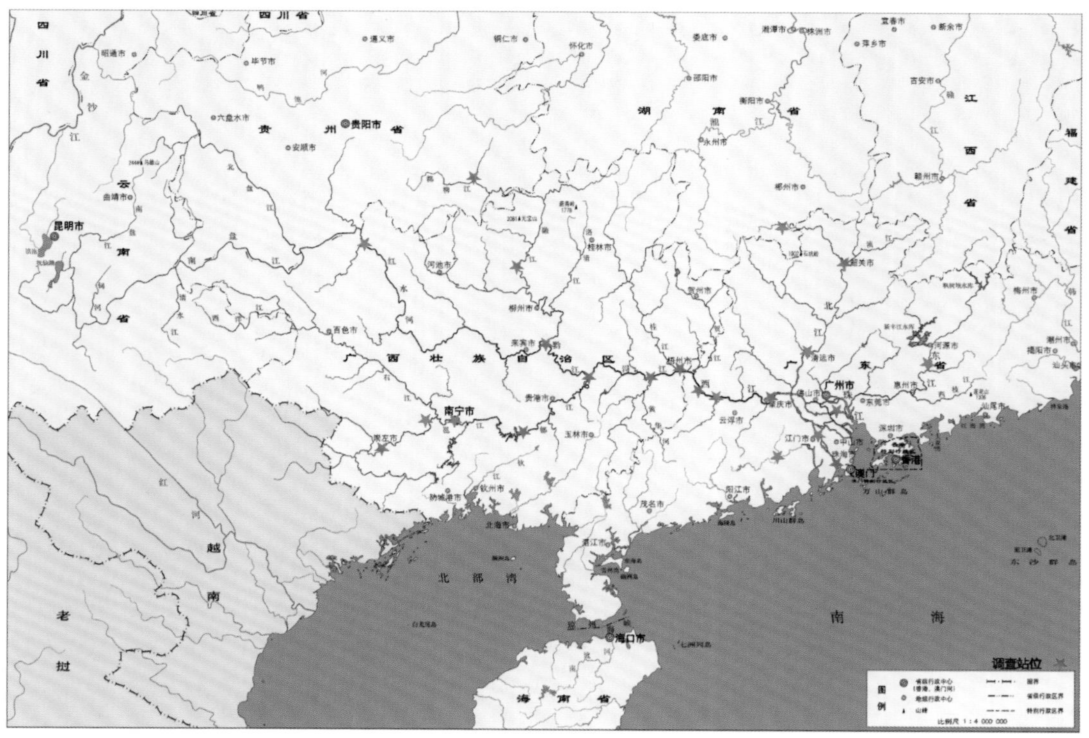

39. 鳙 *Aristichthys nobilis* (Richardson, 1845)

【俗名】胖头鱼、花鲢、黑鲢、大头鱼

【习性】喜欢生活于静水的中上层，动作较迟缓，不喜跳跃。以浮游动物为主食，亦食一些藻类。鳙成熟年龄在不同流域有所不同，珠江流域为 3 ～ 4 龄，长江流域为 4 ～ 5 龄，每年 4 月下旬至 7 月上旬进行产卵。

【价值】“四大家鱼”之一，肉质细嫩、营养丰富，具有重要的经济和药用价值。

【分布】广布于我国各大水系。珠江水系各江段均有分布，资源量较丰富。

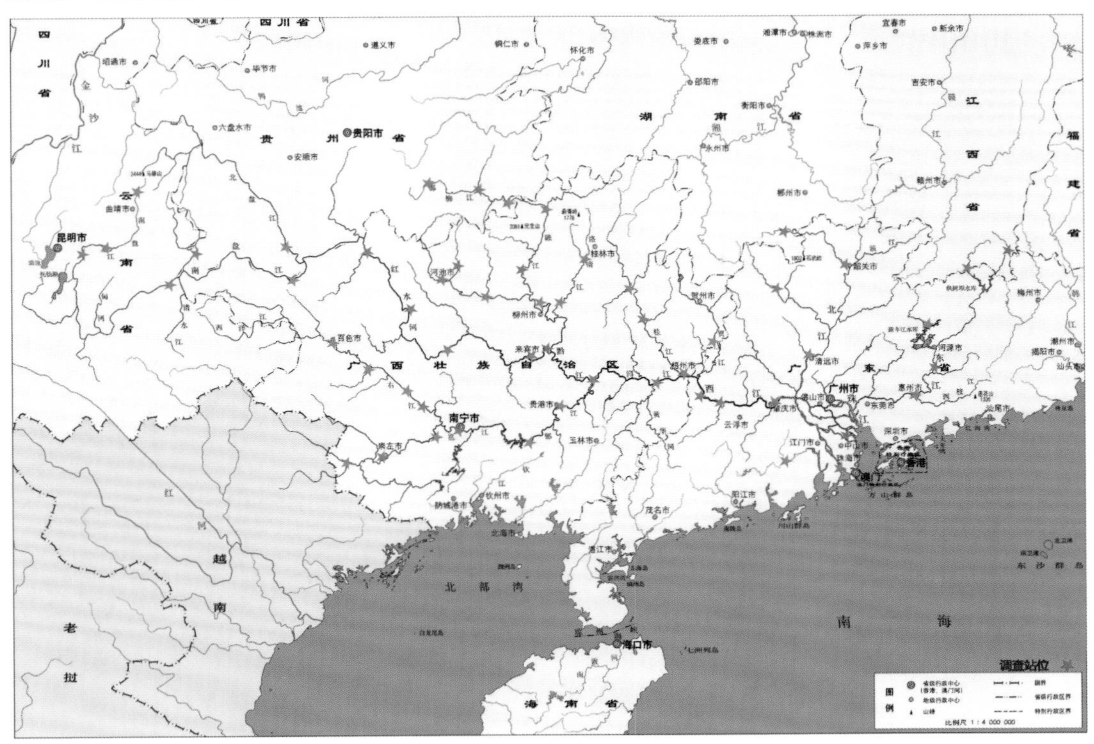

40. 鲢 *Hypophthalmichthys molitrix* (Valenciennes, 1844)

【俗名】鲢子、白鲢、边鱼

【习性】多栖息于水体中上层。滤食性鱼类，终生以浮游生物为食，鱼苗阶段主要摄食浮游动物，体长 1.5 cm 后食浮游植物。4 ～ 5 月产卵，卵漂流性。

【价值】重要养殖种类，具有重要的经济价值。

【分布】广泛分布于东亚各水系。珠江水系各江段均有分布，资源量大。

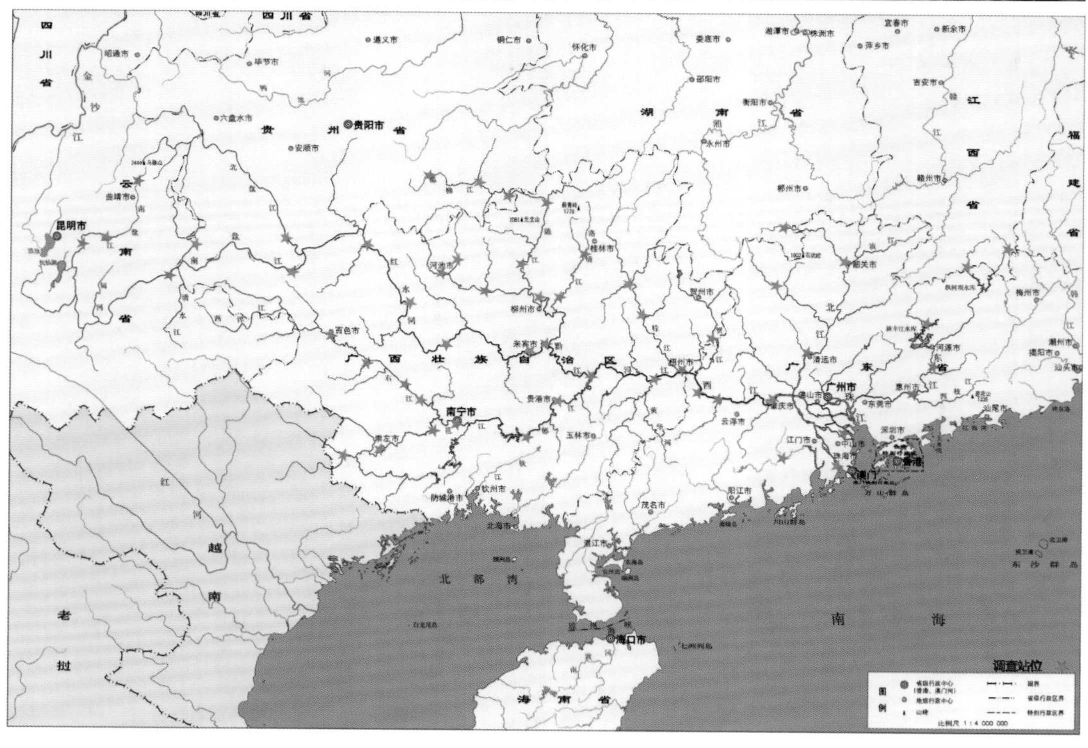

41. 唇䱻 *Hemibarbus labeo* (Pallas, 1776)

【俗名】泥勾、沙勾、土风鱼

【习性】底栖鱼类，喜栖息于水流湍急的河流或水体中；主要以底栖昆虫幼虫、软体动物、小鱼、小虾及浮游动植物为食。繁殖期在 3 ～ 5 月，产沉性卵，2 龄可达性成熟。

【价值】可供食用，但经济价值不甚大。

【分布】遍布全国各主要水系，在珠江水系各河流江段普遍分布，资源量相对丰富。

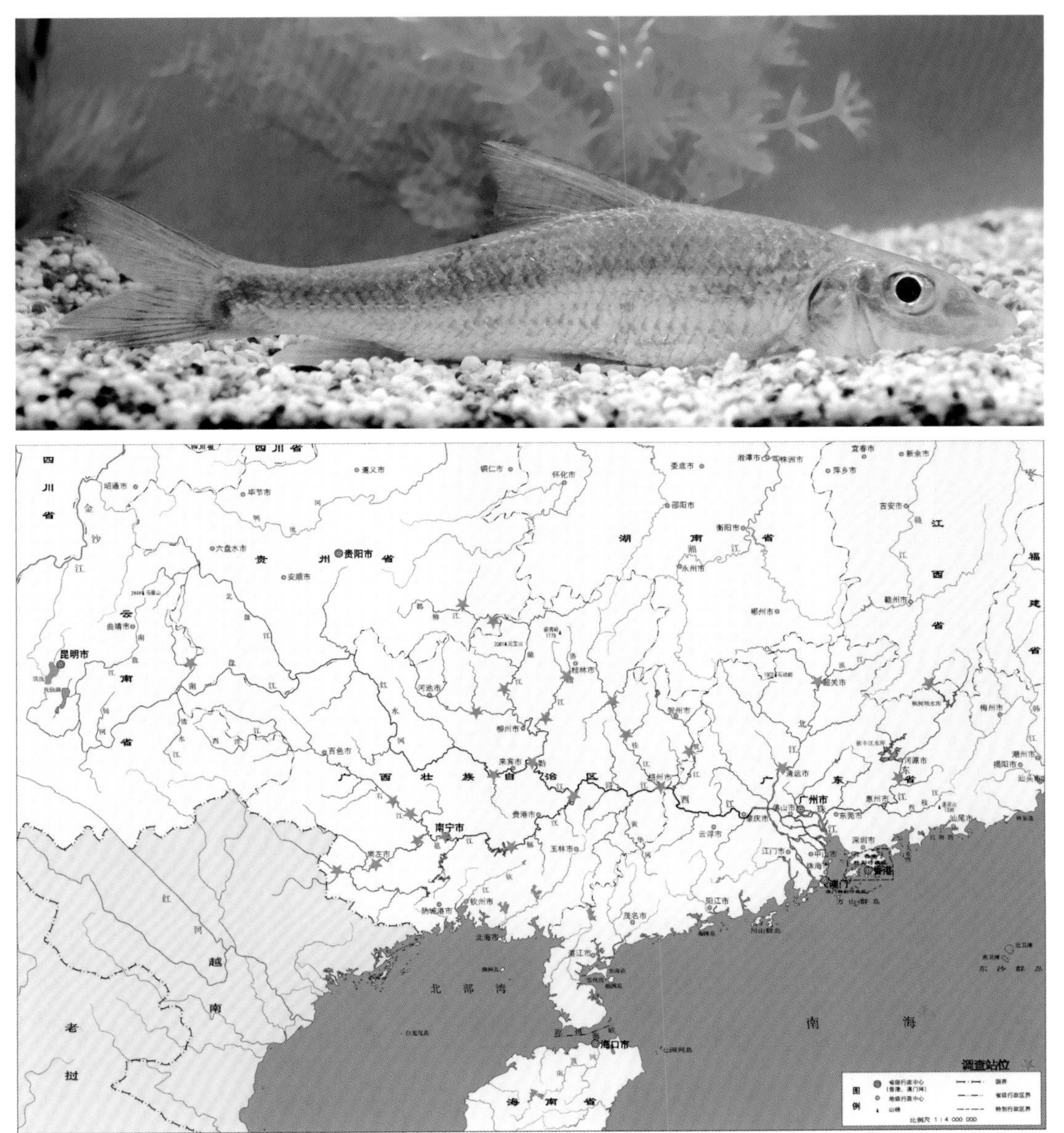

42. 花䱻 *Hemibarbus maculatus* (Bleeker, 1871)

【俗名】麻鲤、大鼓眼

【习性】生活在水体的中下层。主要以水生昆虫的幼虫为食物。

【价值】江湖常见鱼类，具有一定的经济价值。

【分布】广布于我国东部水系。除北江水系外，广泛分布在珠江水系河流江段。

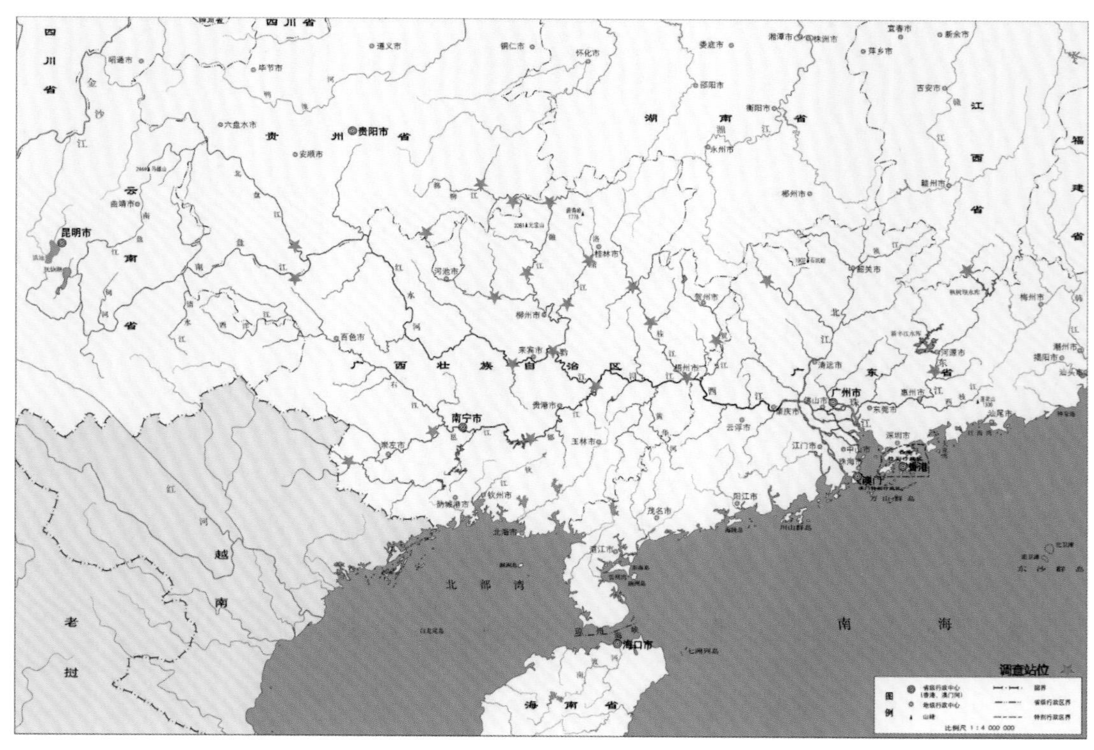

43. 麦穗鱼 *Pseudorasbora parvac* (Temminck & Schlegel, 1846)

【俗名】罗汉鱼、浮水仔、车栓仔、尖嘴仔

【习性】生活于池塘、湖泊、沟渠中，主要以枝角类、桡足类等为食。5～6月繁殖，产黏性卵，雄鱼有护卵行为。

【价值】个体小，无经济价值，可作为观赏鱼。

【分布】广泛分布于我国各水系。珠江水系各河流江段均有分布，具有一定的资源量。

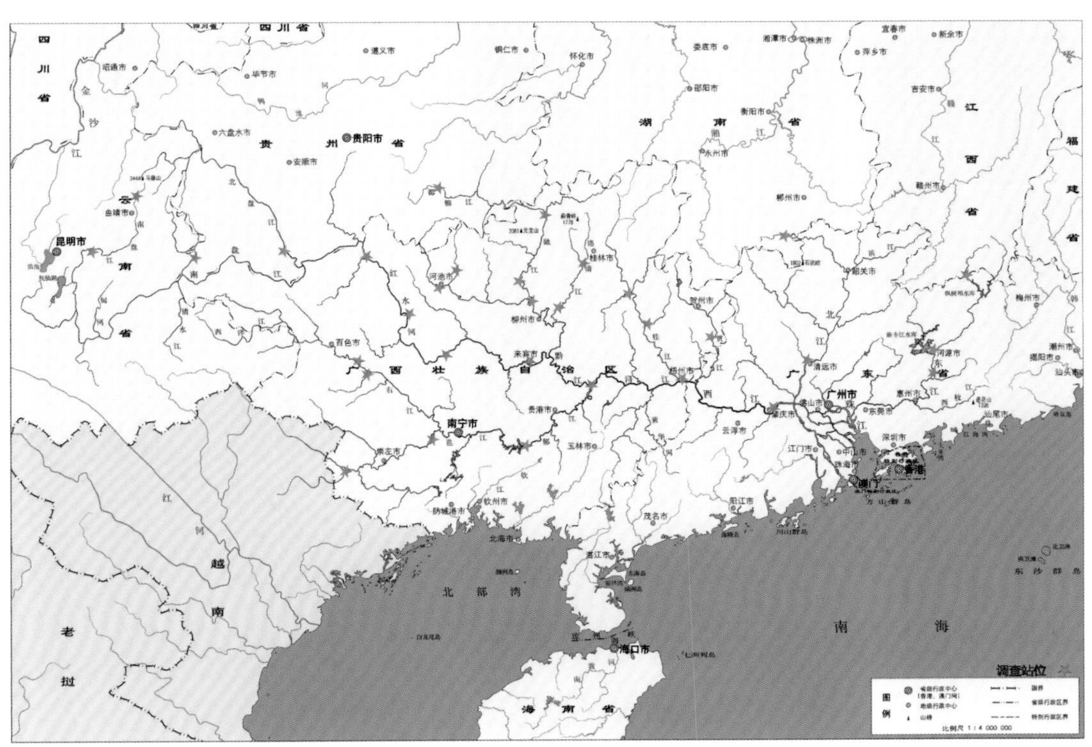

44. 黑鳍鳈 *Sarcocheilichthys nigripinnis* (Günther, 1873)

【俗名】花脸盆

【习性】中下层鱼类，栖息在水流缓慢、水草丛生的小河中，主要以浮游动物、水生昆虫等为食。3～5月繁殖，产黏性卵。

【价值】个体小，食用价值不大，具有一定的观赏价值。

【分布】广泛分布于我国东部各水系。珠江水系主要分布在柳江、左江、桂江、北江和东江等河流江段，资源量不大。

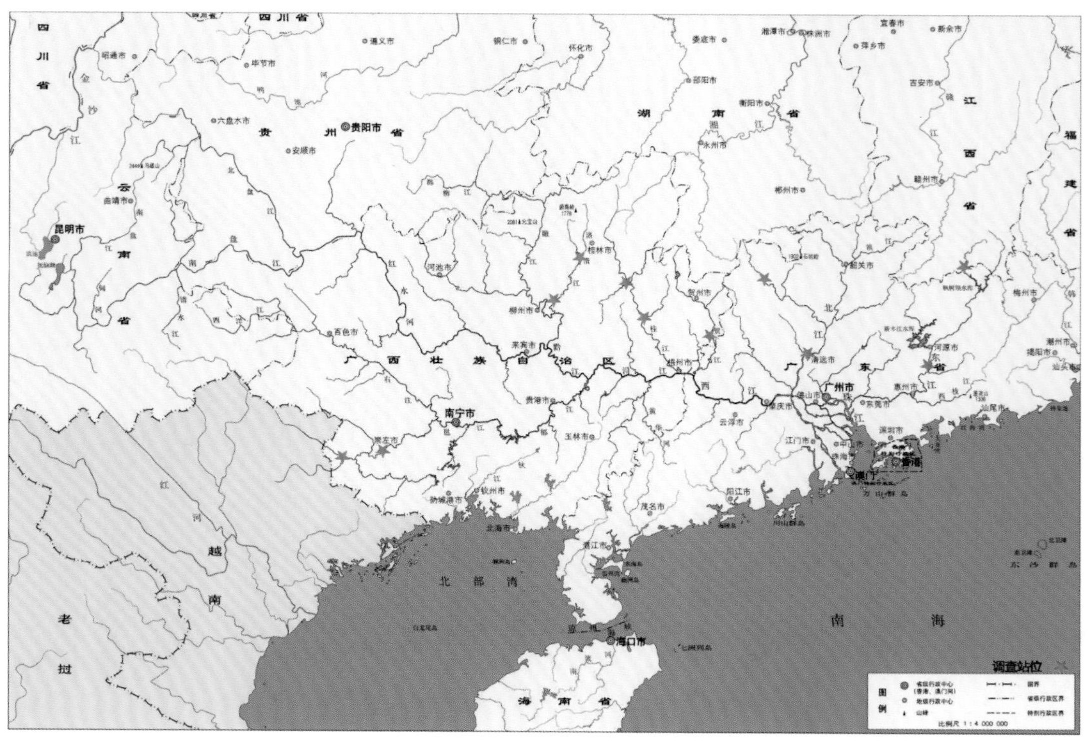

45. 小鳈 *Sarcocheilichthys parvus* (Nichols, 1930)

【俗名】红脸鱼、荷叶鱼、牛屎鱼

【习性】生活于山溪小河中，主要以浮游生物、底栖动物等为食。4～10月繁殖，产黏性卵。

【价值】个体小，使用价值不大。

【分布】广泛分布于我国各水系。珠江水系主要分布在柳江、左江、桂江、北江和东江。

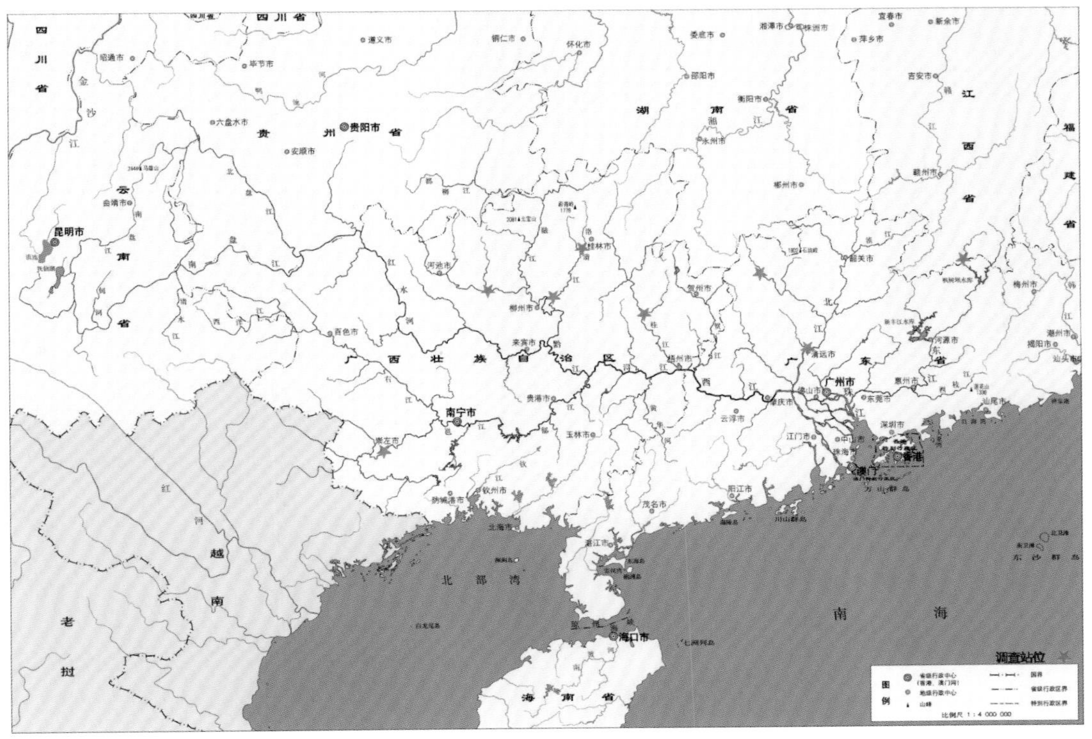

46. 银鮈 *Squalidus argentatus* (Sauvage & Dabry de Thiersant, 1874)

【俗名】白尾、明鱼、老实鱼、油鱼仔

【习性】生活在江河小支流和池塘等小水体的中下层，栖息条件为静水或微流水环境的浅水地带。主要摄食水生昆虫，其次为藻类和水生高等植物。5 月产卵。

【价值】常见小型鱼类，数量较大，具有一定的经济价值。

【分布】广布于我国各主要水系。珠江水系主要分布在除云南江段以外的各个主要江段，具有一定的资源量。

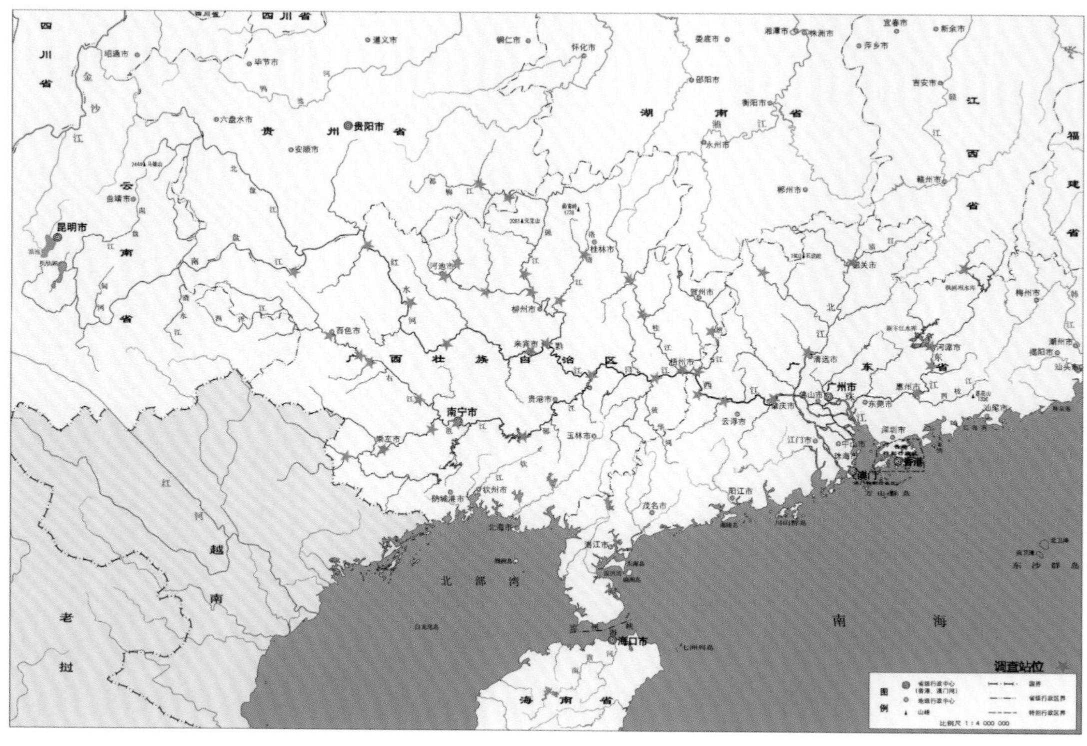

47. 胡鮈 *Microphysogobio chenhsienensis* (Fang, 1938)

【俗名】无

【习性】生活于水体中下层，主要以藻类、水生昆虫等为食。

【价值】体型小，产量少，经济价值不大。

【分布】分布于珠江水系、曹娥江和灵江。主要分布在珠江水系的柳江、红水河、左江、右江、黔江、浔江、贺江和东江，资源量较少。

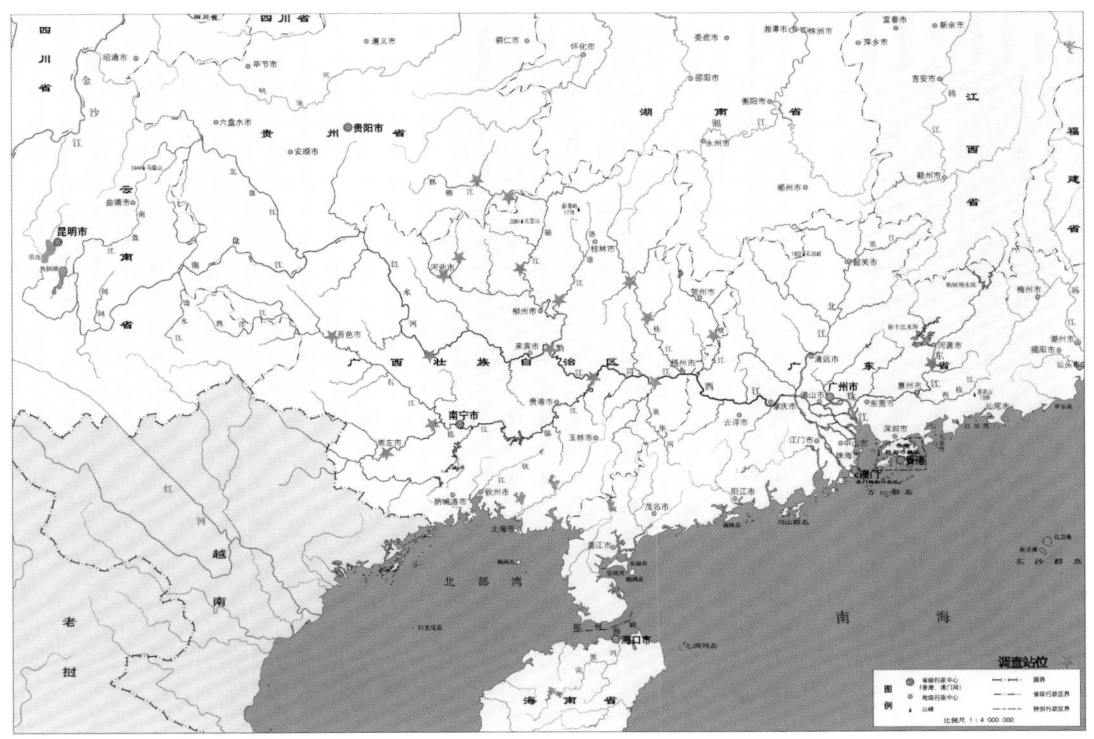

48. 棒花鱼 *Abbottina rivularis* (Basilewsky, 1855)

【俗名】角鱼

【习性】生活在水体底层，食性杂，主要以浮游甲壳类如枝角类、桡足类和端足类为食，还食水生昆虫、水蚯蚓及植物碎片。4～5 月产卵，性成熟年龄为 1 龄。

【价值】个体小，食用价值不大，但体色鲜艳，具一定观赏价值。

【分布】全国各水系均有分布。在珠江水系，几乎每条河流都有分布，资源量丰富。

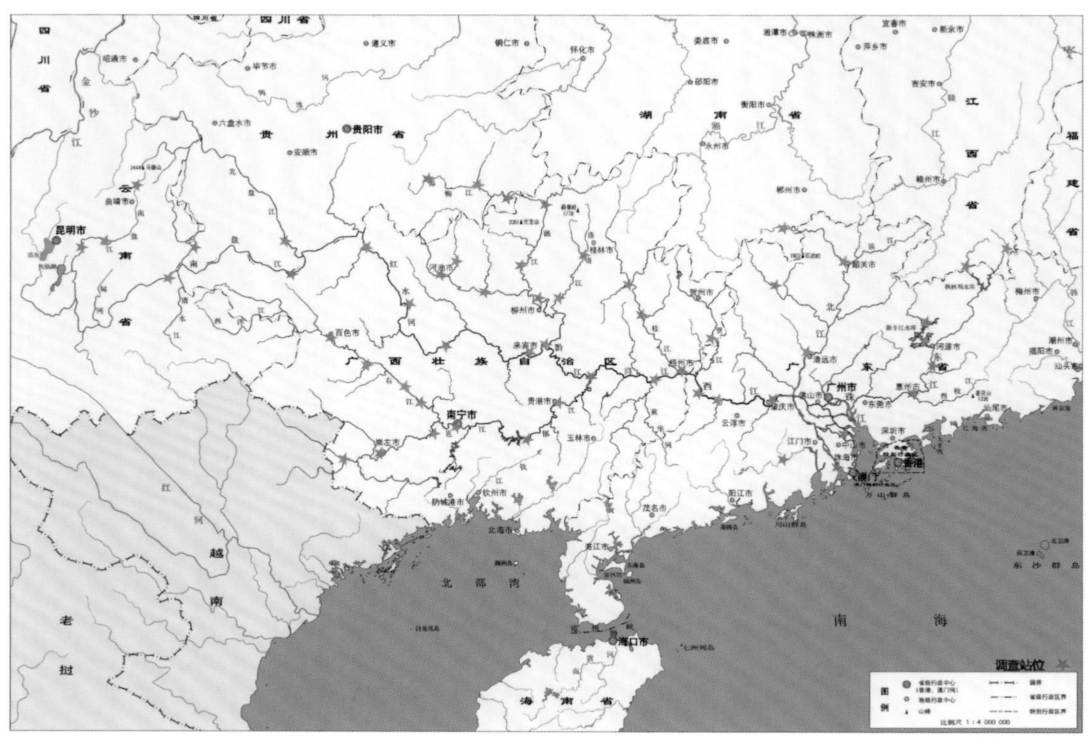

49. 蛇鮈 *Saurogobio dabryi* (Bleeker, 1871)

【俗名】船钉子、白杨鱼、沙锥

【习性】栖息于江河、湖泊中的中下层小型鱼类，喜生活于缓水沙底处。主要摄食水生昆虫或桡足类，同时也食少量水草或藻类。4 ～ 6 月产卵，产漂流性卵。

【价值】个体不大，但数量较多，体肥壮，味较美，有一定经济价值。

【分布】广泛分布于我国除西北外的各水系。珠江水系主要分布在南盘江、广西各江段、贵州都柳江、广东的东江和北江江段，具有一定的资源量。

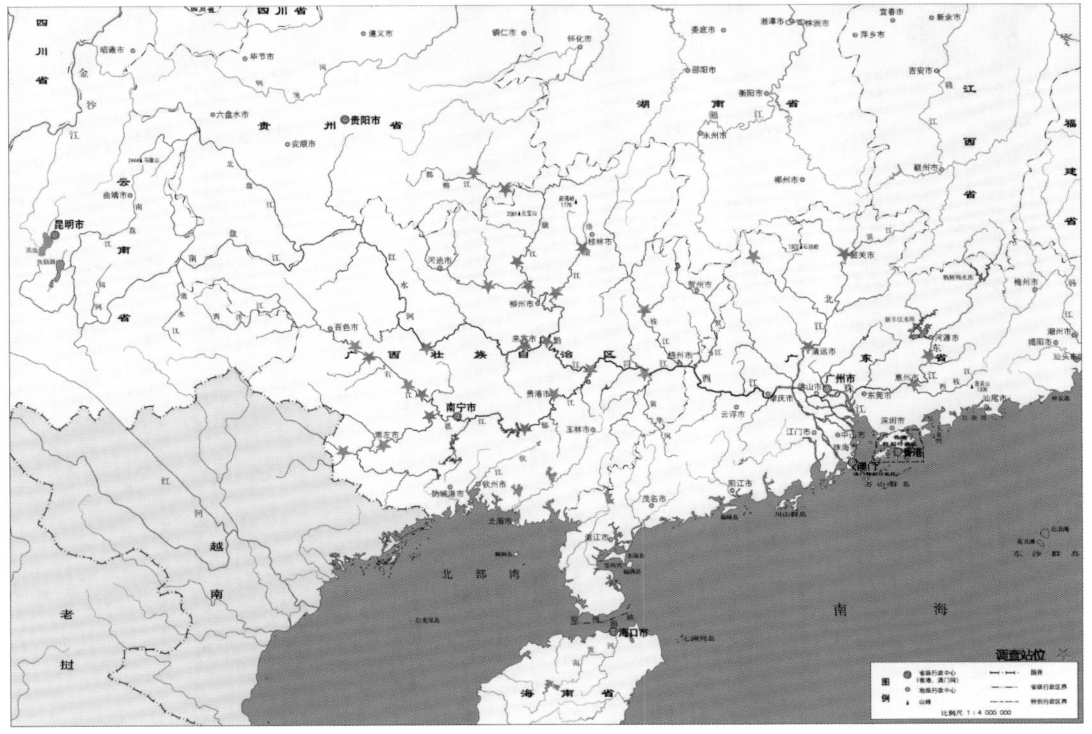

50. 南方鳅鮀 *Gobiobotia meridionalis* (Chen & Cao, 1977)

【俗名】南方长须鳅鮀

【习性】我国特有鱼类，多生活于水体底层。以底栖动物和水生昆虫幼虫等为食。产卵期在 5 月，2 龄鱼可达性成熟。

【价值】在产区数量较少，个体小，经济价值不大。

【分布】分布于珠江、长江中游各支流、元江及澜沧江下游。珠江水系主要分布于红水河、右江、贺江和东江等江段，资源衰退严重。

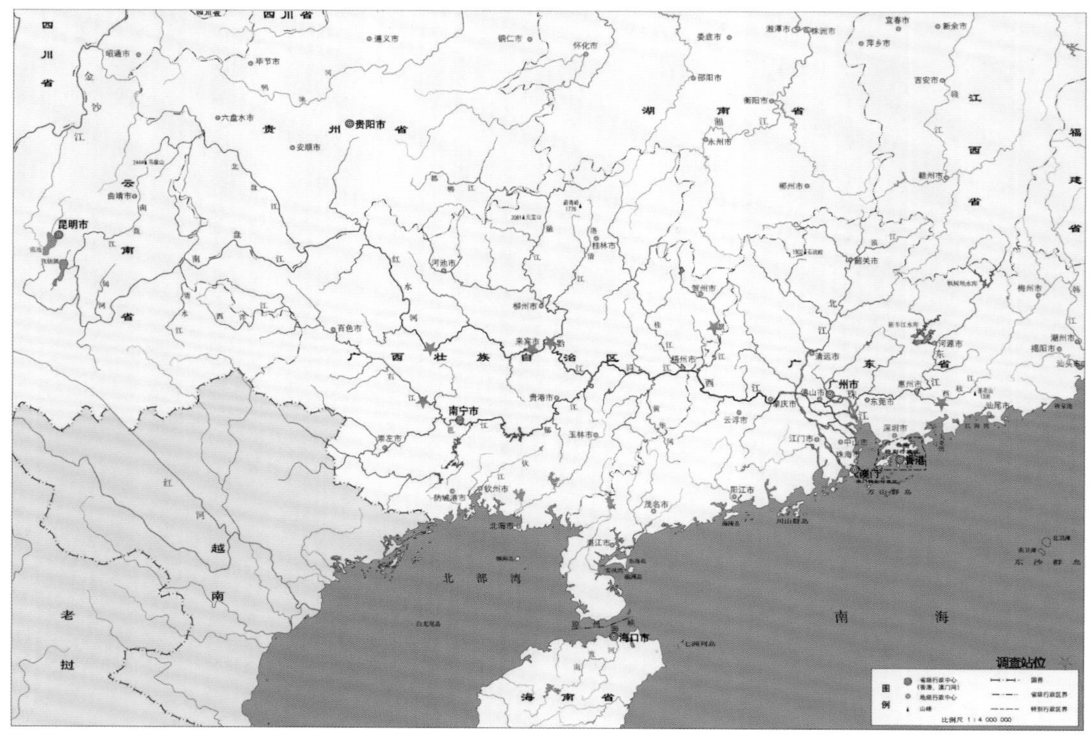

51. 越南鱊 *Acheilognathus tonkinensis* (Vaillant, 1892)

【俗名】无

【习性】生活于缓流或静水水草丛生的水体中，多喜在江河流水，底质多砾石的环境中生活，也出现于沟渠、溪流上游。杂食性，以高等水生植物的叶片和藻类，以及底栖无脊椎动物如水生昆虫成虫、小鱼为食。4～6月产卵，雌鱼具产卵管。

【价值】具观赏价值。

【分布】广泛分布于我国诸多水系。珠江水系主要分布在南盘江、红水河、黔江和东江。

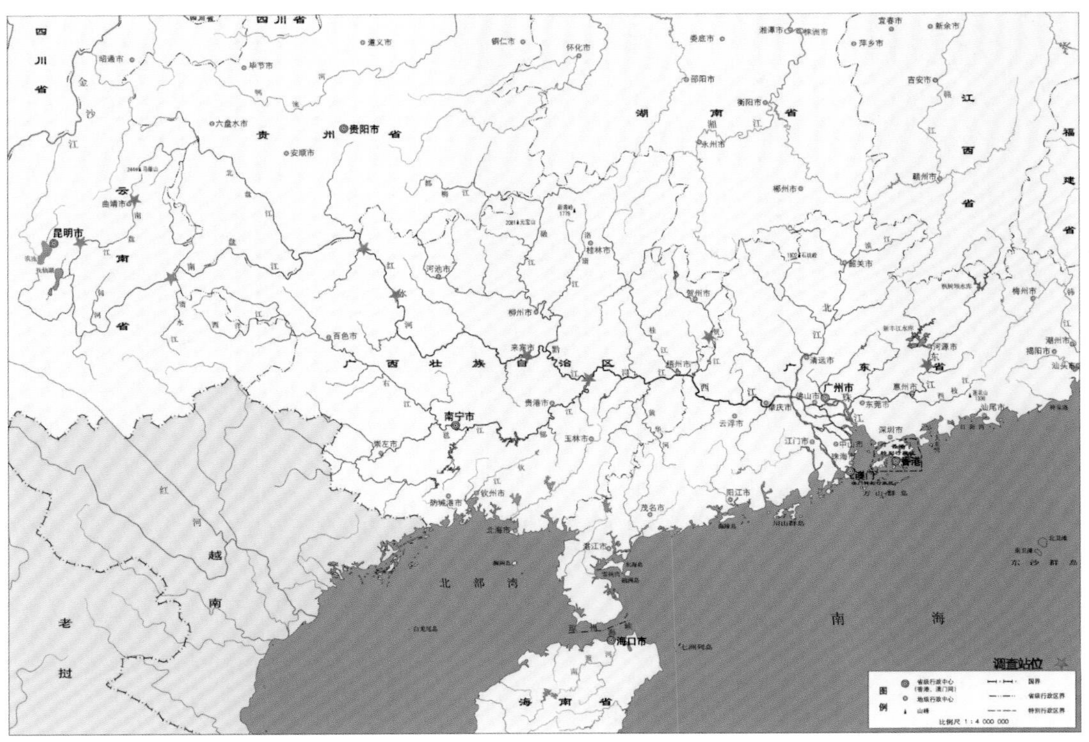

52. 高体鳑鲏 *Rhodeus ocellatus* (Kner, 1866)

【俗名】土扁屎

【习性】栖息于湖泊、池塘及河湾水流缓慢的浅水区，主要以藻类为食，兼食水底碎屑。每年 4 ～ 5 月繁殖。雌鱼有一长的产卵管，将卵产于蚌类的鳃瓣中，鱼卵在蚌类的鳃瓣上孵化。

【价值】具有一定的观赏价值。

【分布】分布于我国各水系。在珠江水系分布广泛，具有一定的资源量。

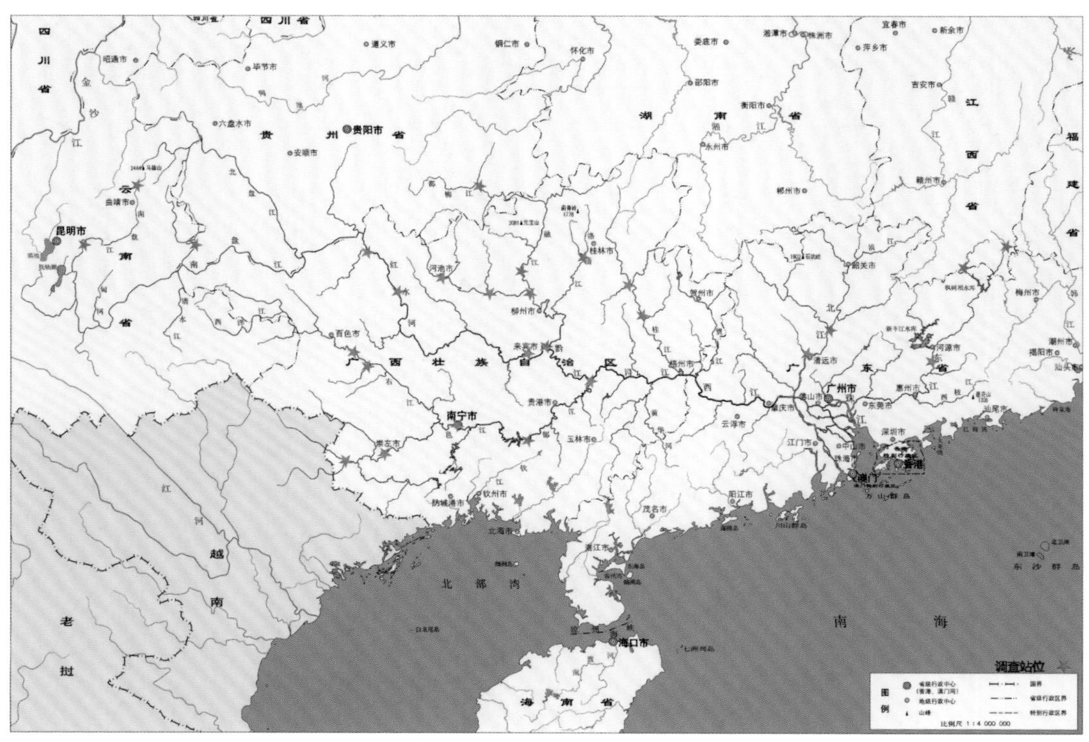

53. 条纹小鲃 *Puntius semifasciolatus* (Günther, 1868)

【俗名】瓜核、五线小鲃、半间鲫 、班星鱼、红目仔

【习性】喜栖息于平原河川中下游的水渠、田沟、水塘的缓流区，常与石鲋类小鱼混游。杂食性，以小型无脊椎动物及丝藻为食。繁殖习性不详。

【价值】体型小，不具经济价值。

【分布】广布于我国澜沧江、元江、珠江、海南和台湾。珠江水系主要分布在南盘江、左江、右江、红水河、桂江和东江，资源衰退严重。

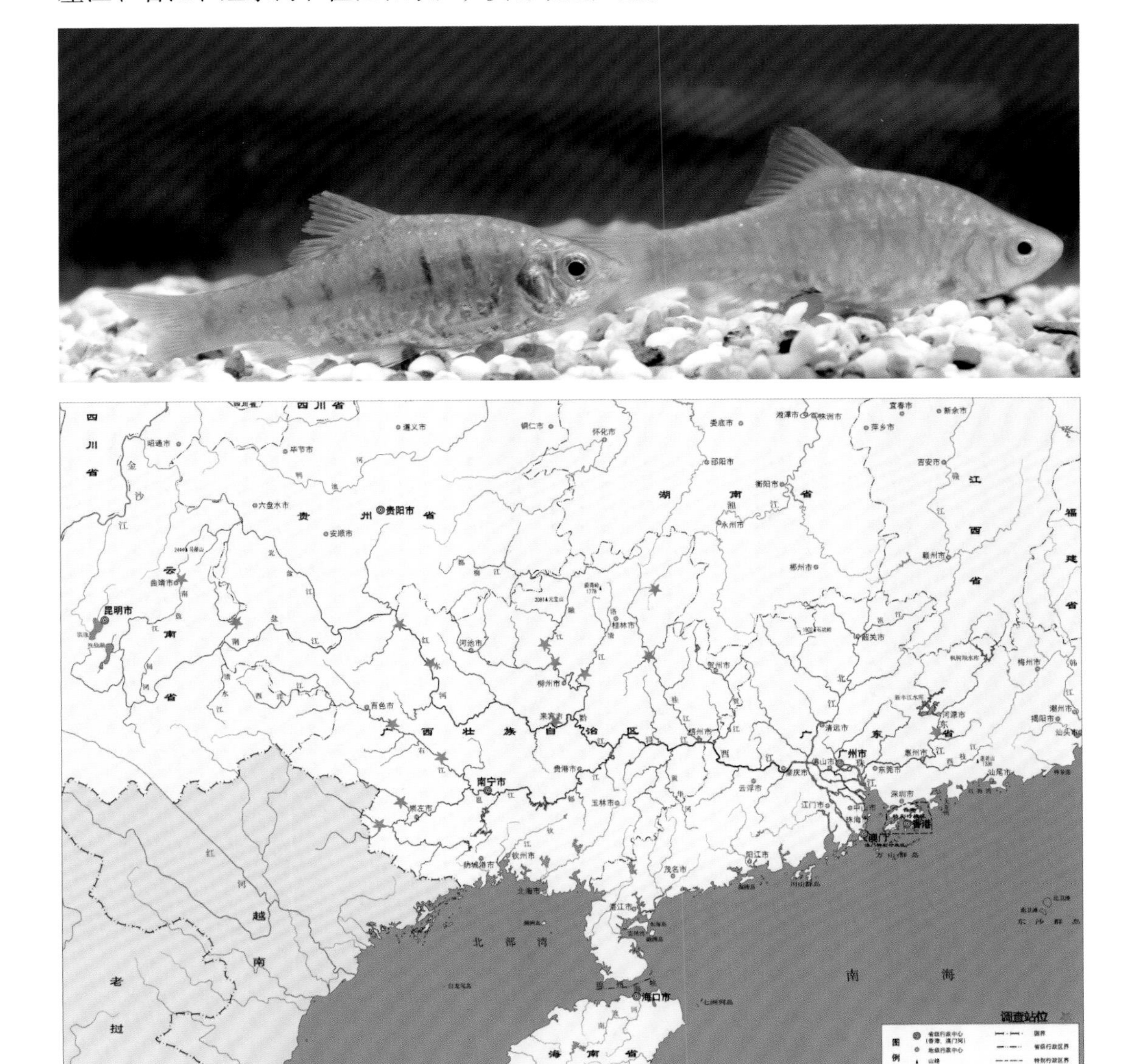

54. 光倒刺鲃 *Spinibarbus hollandi* (Oshima, 1919)

【俗名】黄绢、黄坚、光眼鱼

【习性】栖息于底质多乱石而水流较湍急的江河中下层，尤喜在水质清澈的水域中生活，食物以水生植物为主，兼食水生昆虫及其幼虫，也取食一些坠入水中的陆生昆虫和虾等。4～5月在水流缓慢、水草较多处产黏性卵。

【价值】肉质细嫩，味鲜美，营养丰富，深受人们喜爱。

【分布】分布于长江以南水系。珠江水系主要分布在广西各江段、云南南盘江江段、贵州都柳江江段、广东东江和北江江段，具有一定的资源量。

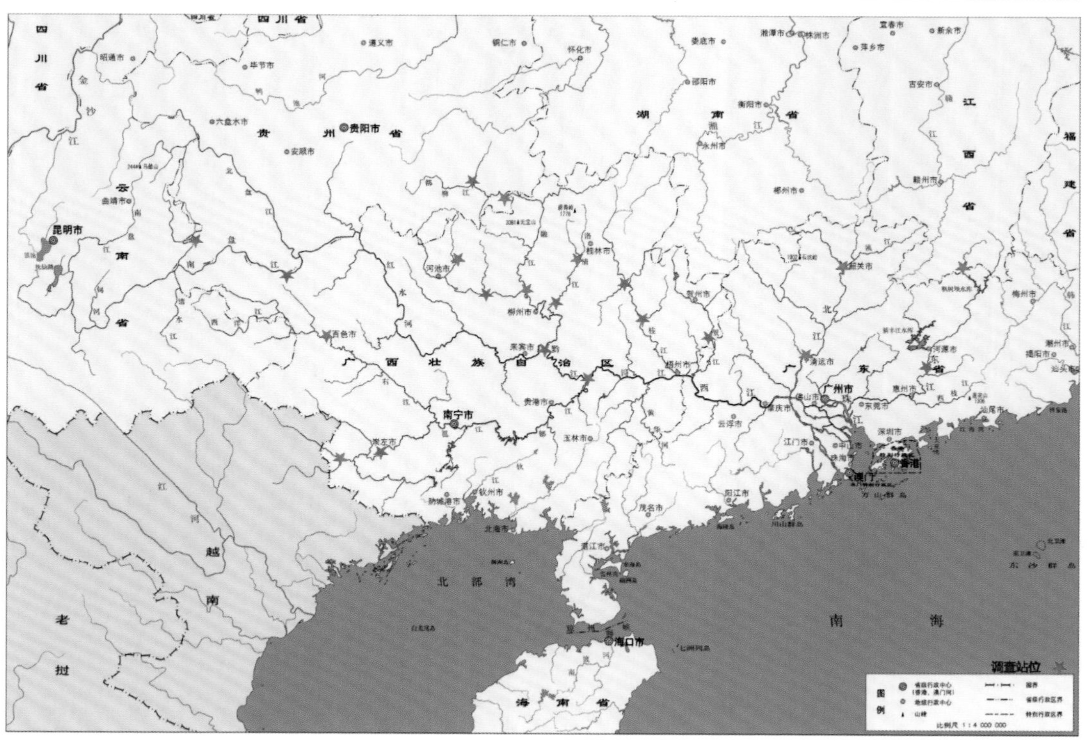

55. 倒刺鲃 *Spinibarbus denticulatus* (Oshima, 1926)

【俗名】青竹、绢鱼、青竹鲤、大肚鱼、黄冠鱼

【习性】生活于江河上游水域的中下层，喜栖居乱石间隙。食物主要为水生高等植物及附着藻类，其中以丝状藻最多。繁殖期在春末夏初，在流水环境中繁殖，产漂浮性卵。

【价值】养殖鱼类，产地重要经济鱼类，并且具有一定的药用价值。

【分布】遍布全国各水系，珠江水系主要分布在南盘江、红水河、柳江、郁江、左江、黔江、桂江、贺江、东江和北江等江段，具有一定的资源量。

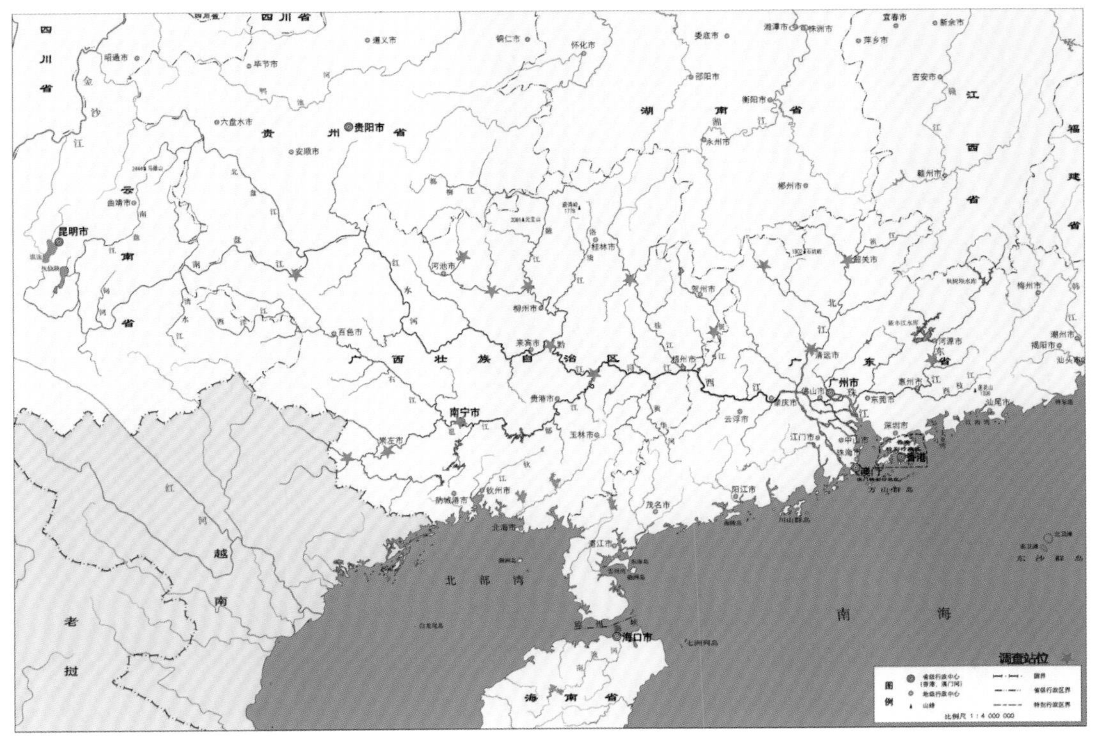

56. 带半刺光唇鱼 *Acrossocheilus hemispinus* (Nichols, 1925)

【俗名】火烧鲮

【习性】生活在山涧中，喜集群栖息在底层多砾石的流水环境。以着生藻类为食。个体不大，常见体长 100 ～ 200 mm。2 ～ 3 月产卵，卵巢有毒。

【价值】具有一定的经济价值。

【分布】主要分布在珠江水系的红水河部分江段，以及桂江、柳江、右江与北江等江段，呈现片段化分布，资源量较少。

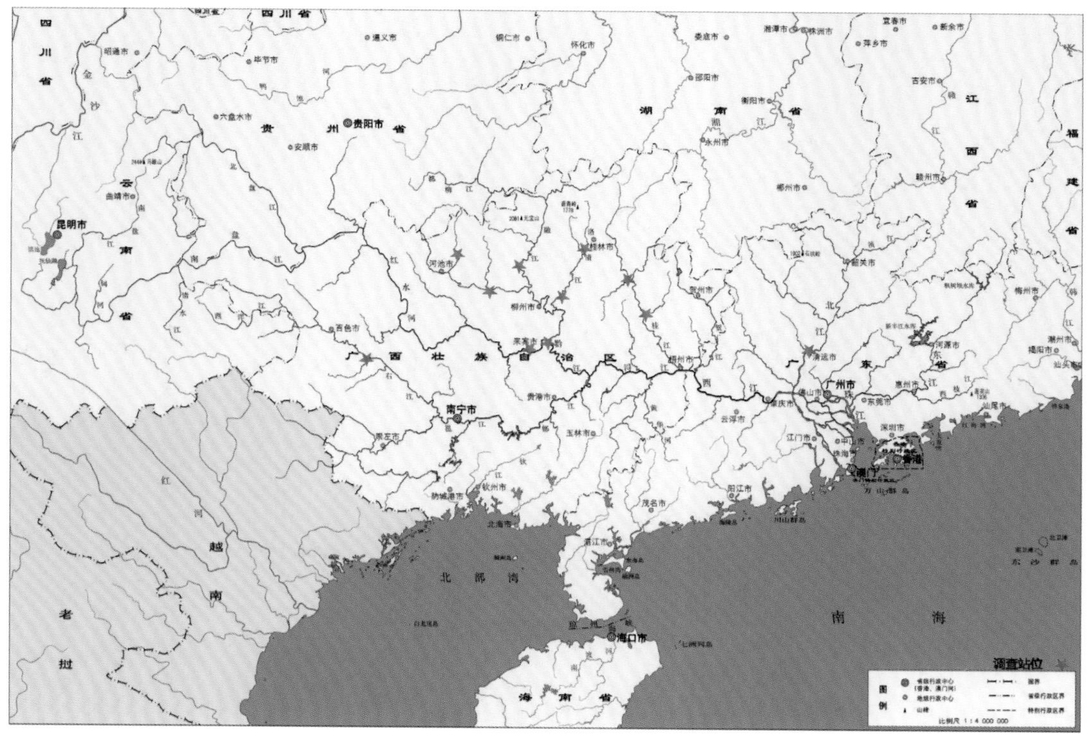

57. 北江光唇鱼 *Acrossocheilus beijiangensis* (Wu & Lin, 1977)

【俗名】无

【习性】生活在水流湍急、清澈和底层多沙粒砾石的溪流中，食性不详。6～8月产卵，产黏性卵。

【价值】不详。

【分布】主要分布在珠江水系的南盘江、北盘江、红水河、柳江和北江等江段，片段化分布严重，资源量萎缩严重。

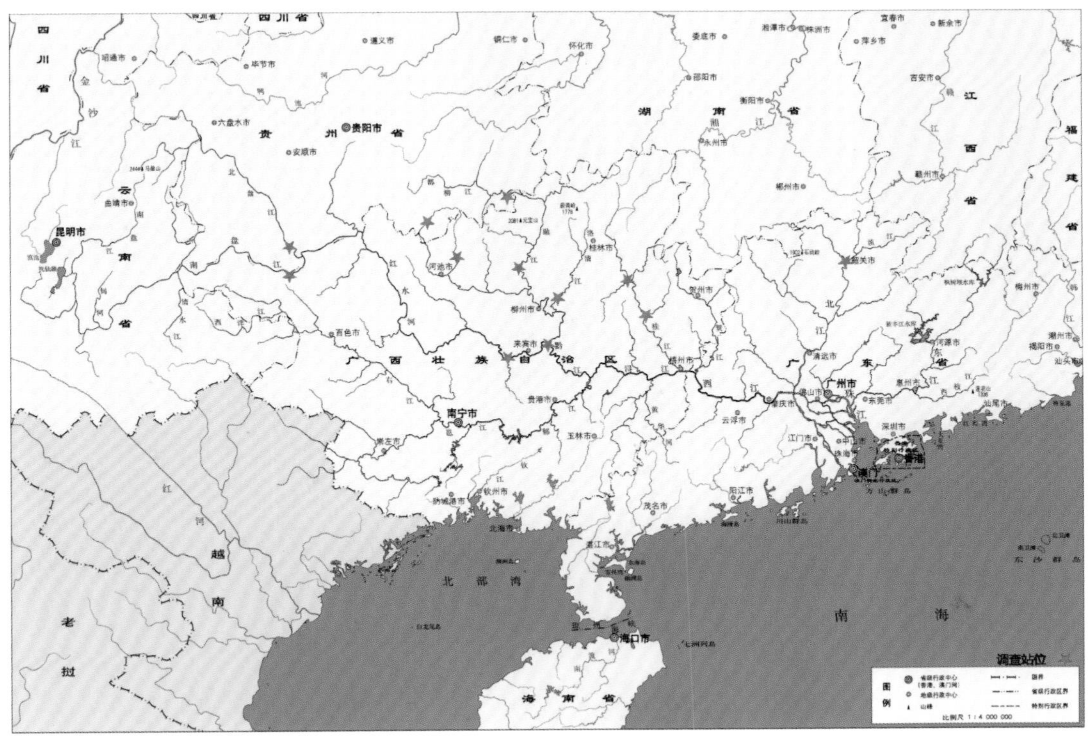

58. 南方白甲鱼 *Onychostoma gerlachi* (Peters, 1881)

【俗名】榄鱼、平头榄、红尾榄、滩头鲮

【习性】栖息于水流较湍急、底质多砾石的江段中，喜游弋于水的底层。常以锋利的角质下颌铲食岩石上的着生藻类，兼食少量的摇蚊幼虫、寡毛类和高等植物的碎片。长江流域4～6月产卵，珠江流域2～3月产卵，繁殖期较长，3龄性成熟。

【价值】肉细味美，为地区性经济鱼类之一。

【分布】分布于珠江、海南岛、元江等水系。珠江水系主要分布在广西各江段，以及云南的南盘江江段、贵州的都柳江江段、广东的北江江段，资源量不大。

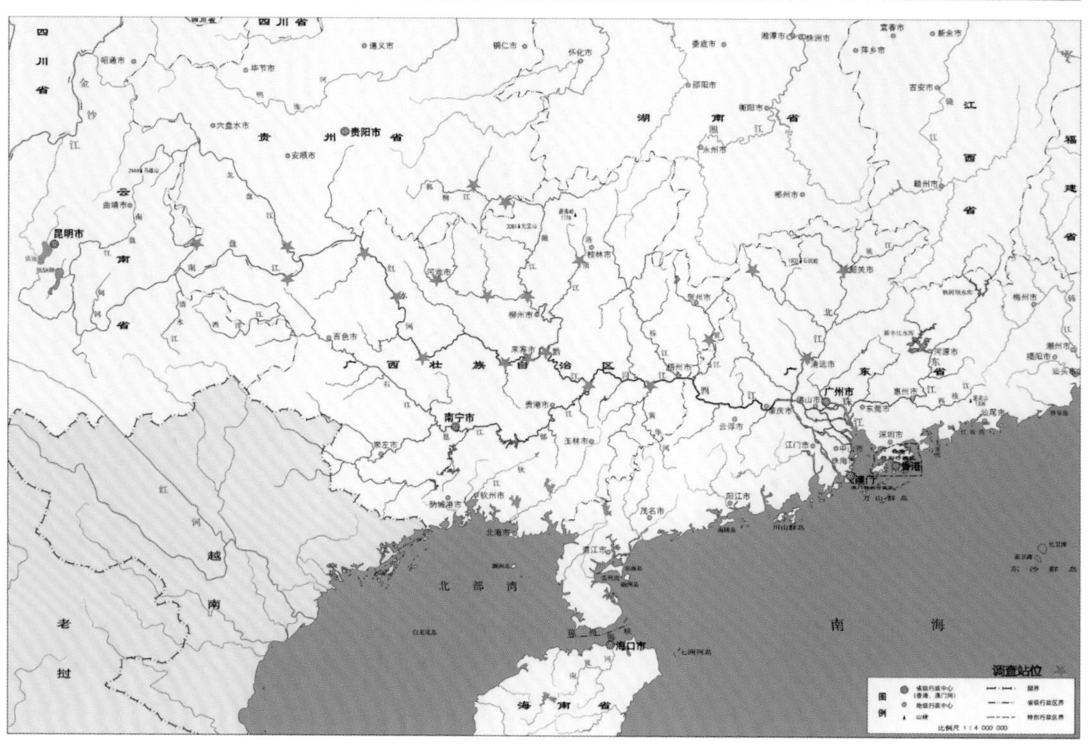

59. 露斯塔野鲮 *Labeo rohita* (Hamilton, 1822)

【俗名】无

【习性】由我国从泰国引进养殖，底栖鱼类，性活泼，善跳跃。食性较广，是一种以植物、有机碎屑为主的杂食性鱼类。5～9月产卵，2～3龄性成熟。

【价值】华南地区重要养殖经济品种。

【分布】珠江水系主要分布在红水河、郁江、左江、右江、浔江、西江和珠江三角洲河网，资源量不大。

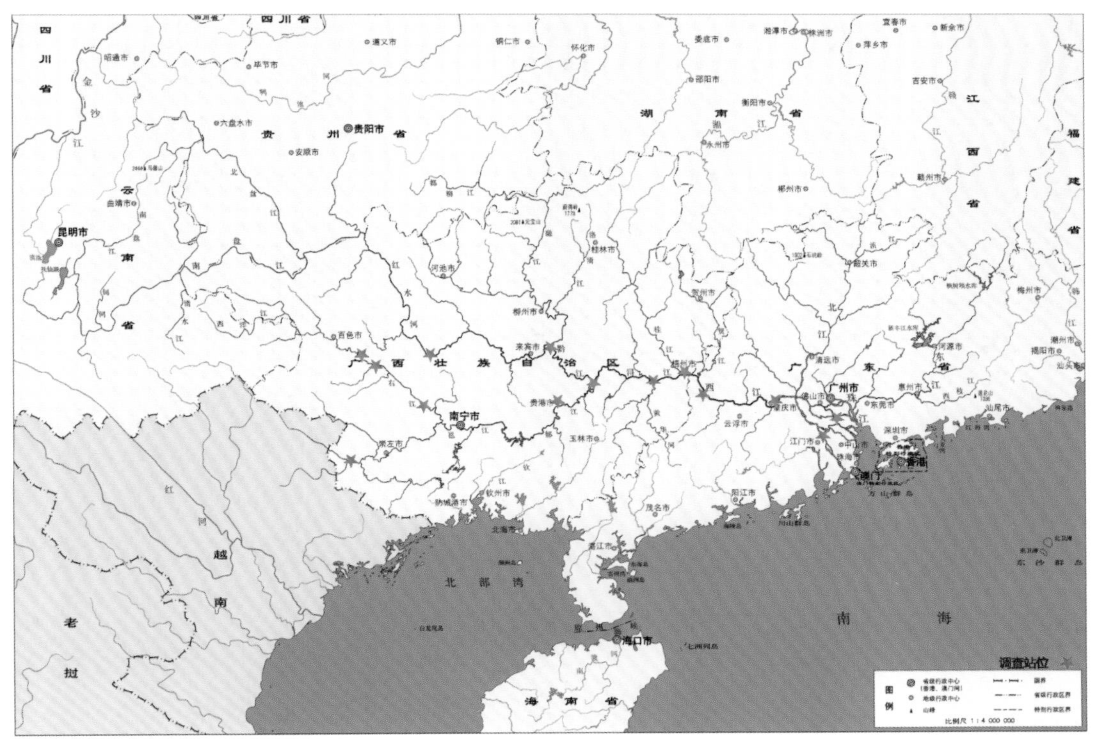

60. 鲮 *Cirrhinus molitorella* (Valenciennes, 1844)

【俗名】土鲮鱼、鲮公、雪鲃

【习性】喜栖息于水温较高的江河底层水体。以植物为主要食料，常以下颌的角质边缘在水底石块等上面刮取着生藻类，也包括硅藻、绿藻以及高等植物的碎屑和水底腐殖质。4～9月产卵，3龄性成熟，产半浮半沉性卵。

【价值】华南地区重要养殖种类和重要经济鱼类。

【分布】分布于珠江、元江、澜沧江和闽江。珠江水系各江段都有分布，资源量大。

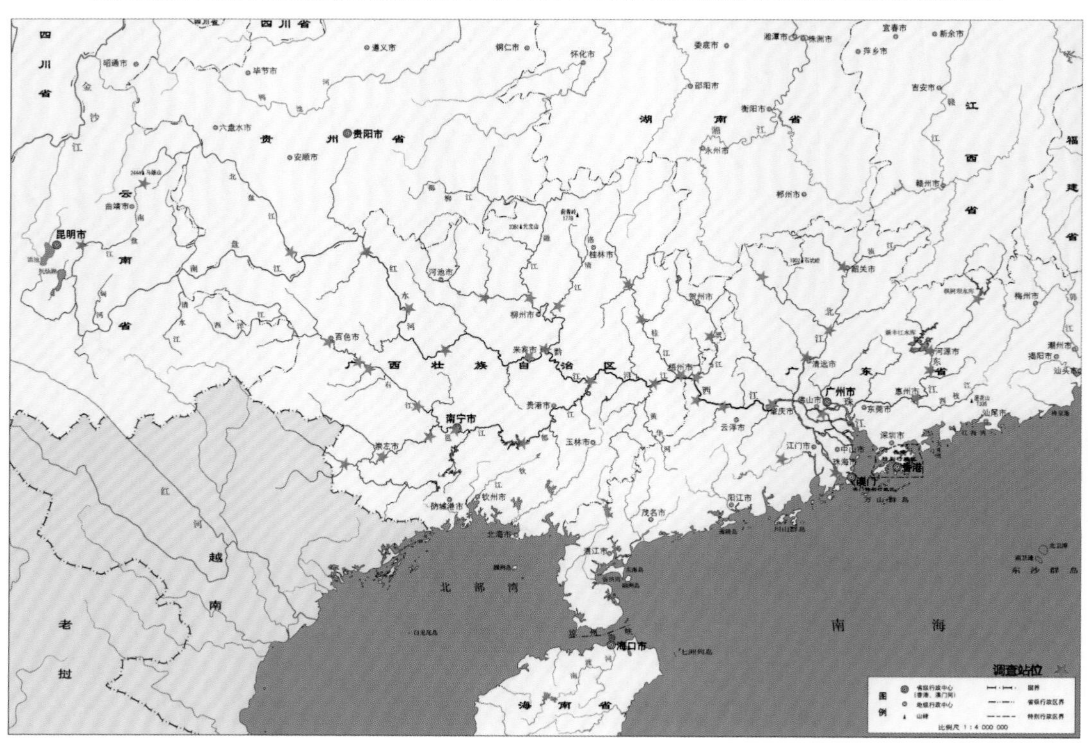

61. 麦瑞加拉鲮 *Cirrhinus mrigala* (Hamilton, 1822)

【俗名】无

【习性】由我国从印度引进养殖，底栖鱼类，营腐生生活，主要食物是碎片和腐败植物。5～9月产卵。

【价值】各地池塘混养的优良品种，广东、广西、海南、福建、云南一带重要经济鱼种。

【分布】珠江水系主要分布在红水河、郁江、左江、右江、浔江、西江、北江、东江和珠江三角洲河网，具有一定的资源量。

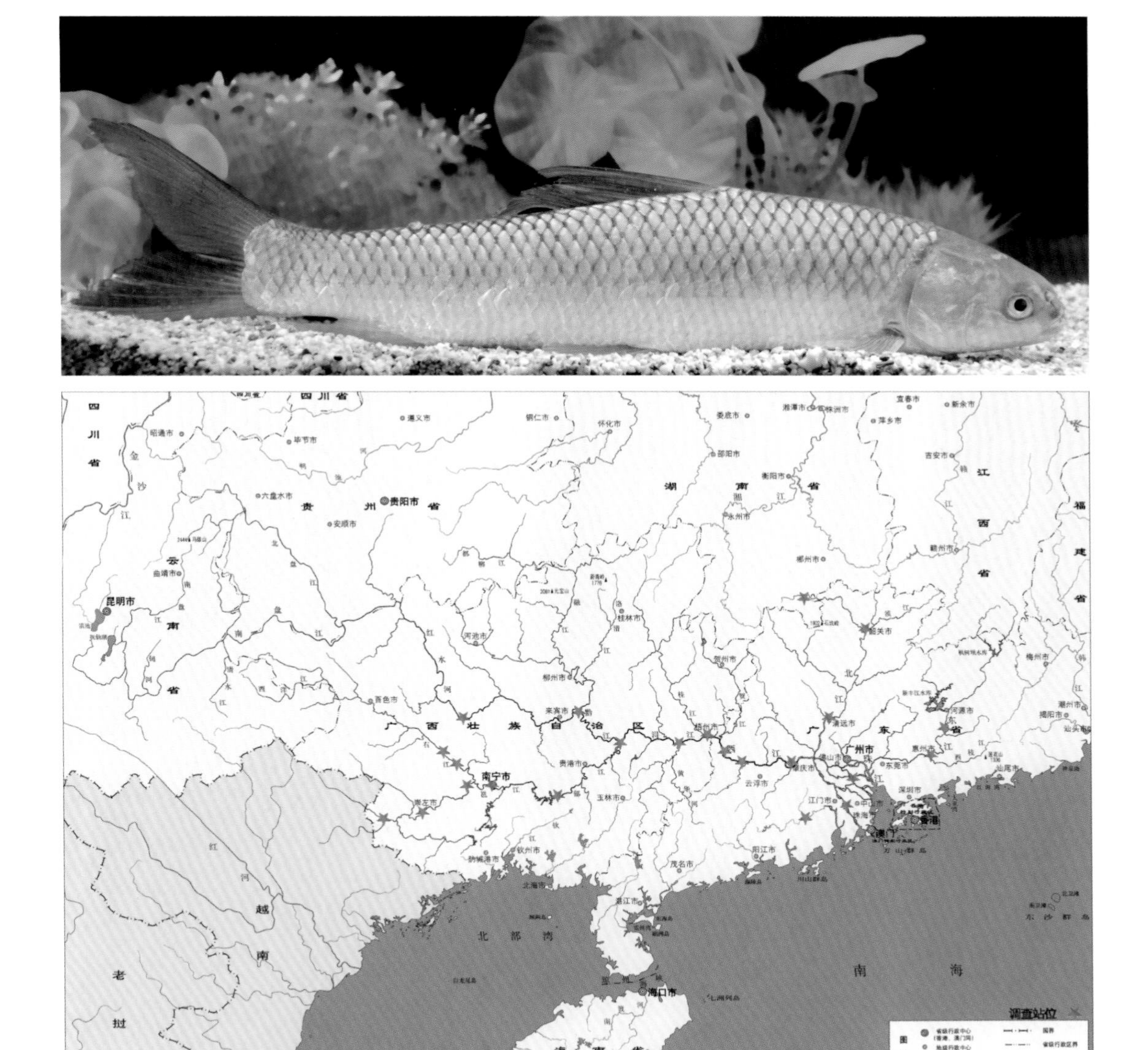

62. 纹唇鱼 *Osteochilus salsburyi* (Nichols & Pope, 1927)

【俗名】土狗鲫、土腩鱼、假鲮、肉鲮、石头鲮

【习性】喜居南方小河溪流，也可在静水中生活。食性杂。繁殖习性不详。

【价值】个体不大，但资源量较大，具有一定的经济价值。

【分布】广布于珠江、元江、闽江和海南岛等水系。广泛分布在珠江水系的南盘江、北盘江、红水河、柳江、郁江、左江、右江、黔江、浔江、贺江、西江、东江和北江等江段，资源量较丰富。

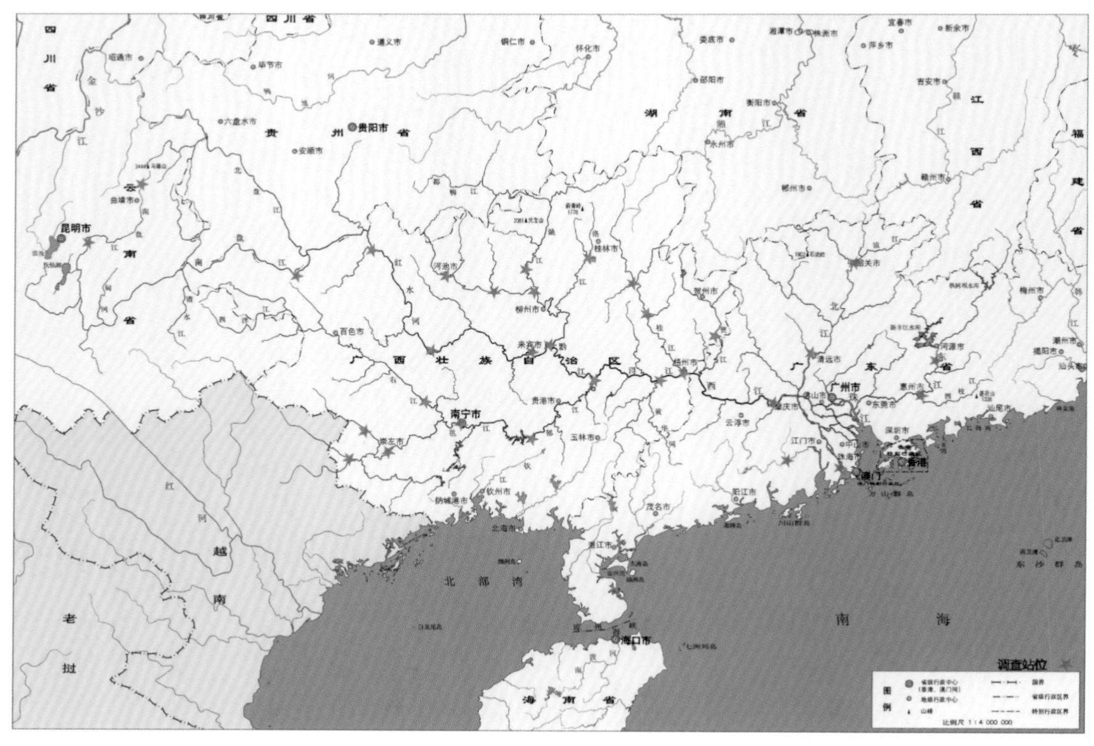

63. 直口鲮 *Rectoris posehensis* (Lin, 1935)

【俗名】油鱼、线鱼、风岩鱼

【习性】常栖息于激流浅滩，为底层鱼类，刮食着生藻类、泥苔。繁殖期在 6 ～ 10 月。

【价值】体型小，具有一定的经济价值。

【分布】珠江水系特有种，主要分布在柳江、左江、红水河和黔江，具有一定的资源量。

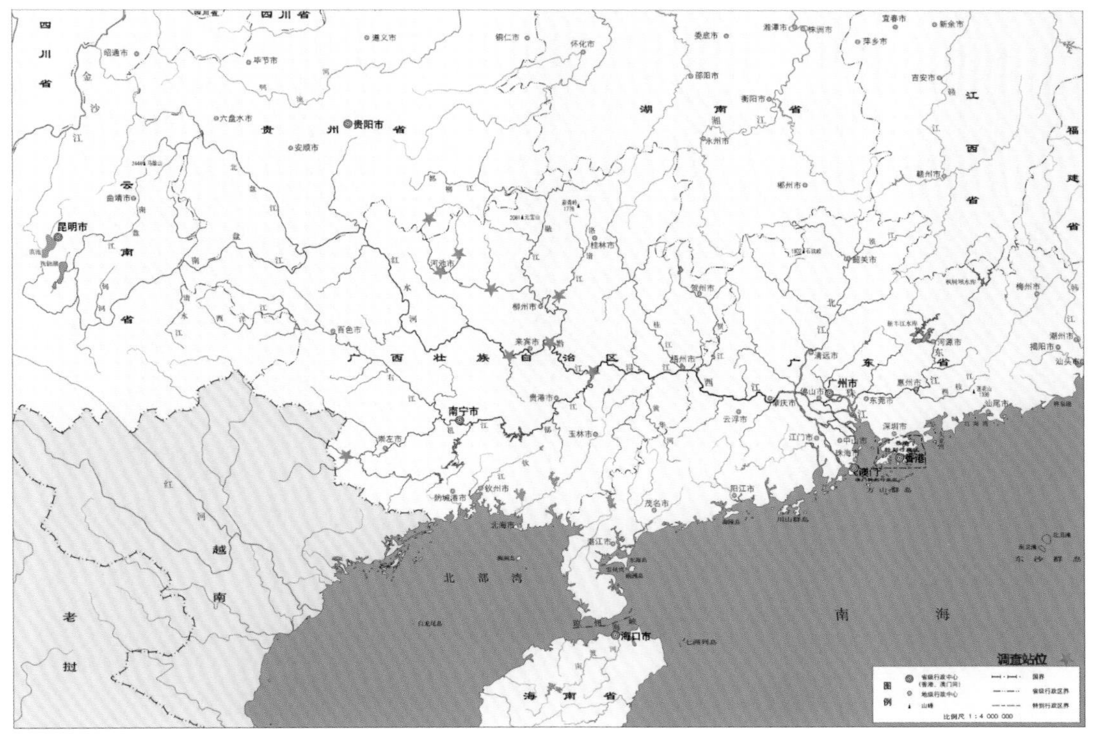

64. 巴马拟缨鱼 *Pseudocrossocheilus bamaensis* (Fang, 1981)

【俗名】巴马油鱼

【习性】个体小，喜欢穴居，多于清晨黄昏活动，冬季进洞穴越冬，于 5 ～ 6 月洪水期繁殖，主要以藻类生物为食。

【价值】鱼小体肥，肉质细嫩，营养丰富，为广西土著小型经济特色鱼类。

【分布】珠江水系特有鱼类，主要分布在西江水系上游的红水河和柳江，野生资源量较少。

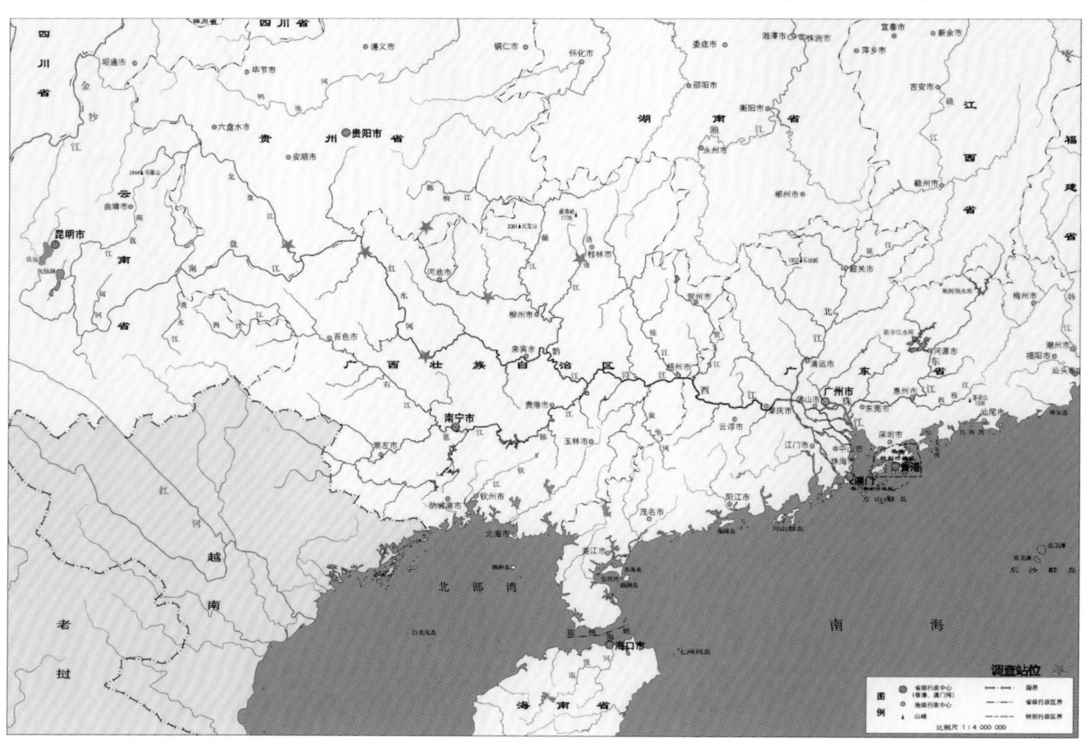

65. 卷口鱼 *Ptychidio jordani* (Myers, 1930)

【俗名】老鼠鱼、嘉鱼

【习性】生活于河床宽阔、流速大、江中多深潭、水质清澈的石底深水河段，以及石洞中。以淡水壳菜和蚬科为主要食物，也食一些淡水海绵、藻类及有机碎屑、水生昆虫、水蚯蚓等。每年 4 ～ 9 月为其繁殖期，在 6 月和 9 月大批产卵。

【价值】肉味鲜美，含脂量多，是珠江水系名贵经济鱼类。

【分布】主要分布于珠江水系和台湾水系。珠江水系主要分布在红水河、柳江、郁江、左江、右江、浔江和西江等江段，具有一定的资源量。

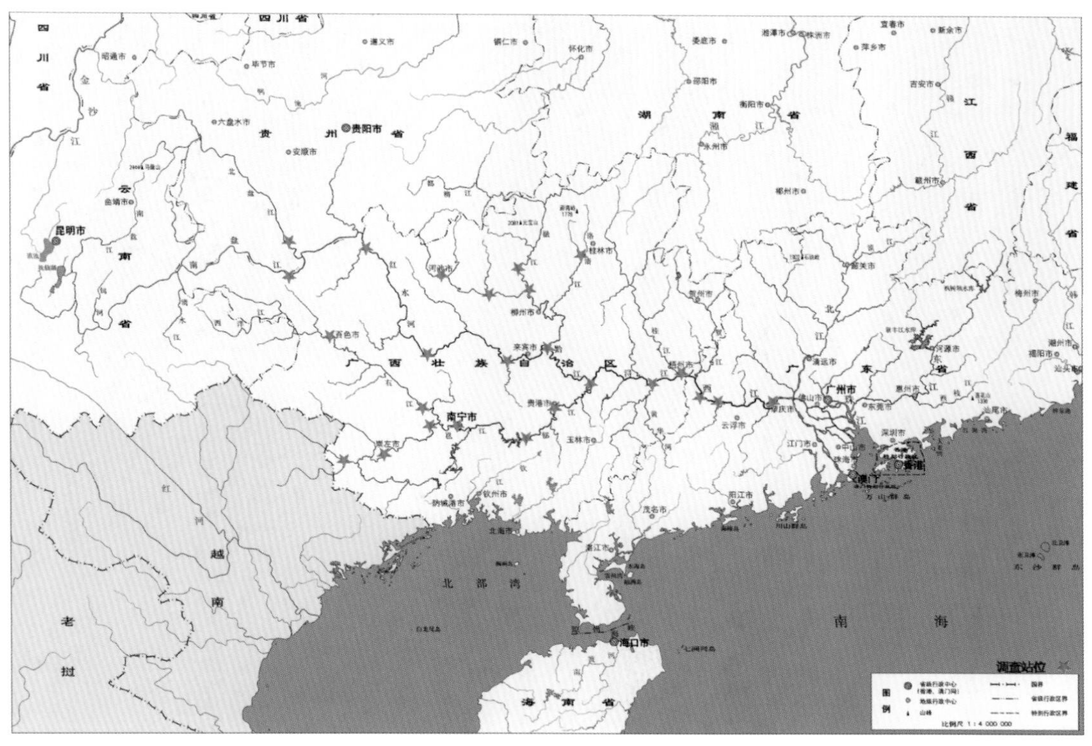

66. 大眼卷口鱼 *Ptychidio macrops* (Fang, 1981)

【俗名】四方头、油鱼

【习性】多生活于底质为砾石、清澄的水体中。食性和繁殖资料欠缺。

【价值】极危物种，数量稀少，分布狭窄，具有重要的学术价值。

【分布】珠江水系特有种，主要分布在郁江、左江和柳江的部分河段，资源量稀少。

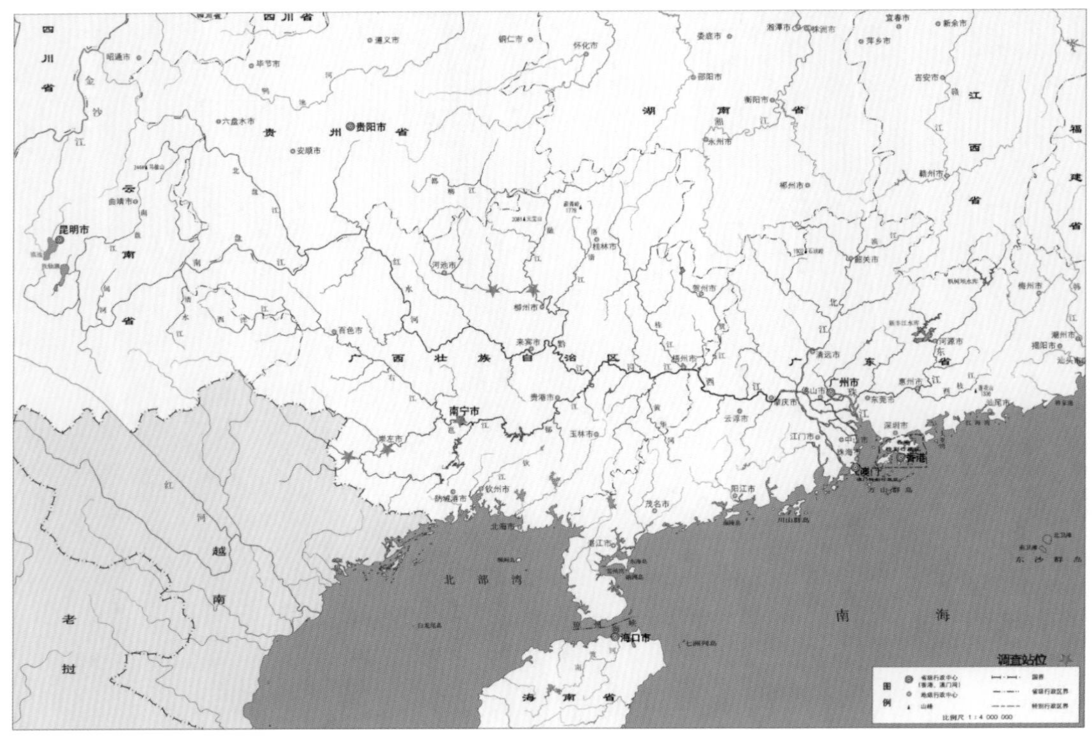

67. 东方墨头鱼 *Garra orientalis* (Nichols, 1925)

【俗名】墨鱼、火柴头、崩鼻牛

【习性】栖息于江河、山涧水流湍急的环境中，以其碟状吸盘吸附于岩石上，营底栖生活。多以着生藻类为食。成熟较早，繁殖期在 3 月，产卵须有流水条件。

【价值】体内富含脂肪，肉味极鲜美，为产区名贵鱼类。

【分布】广布我国南方主要水系，在珠江水系分布较广，但资源量相对较少。

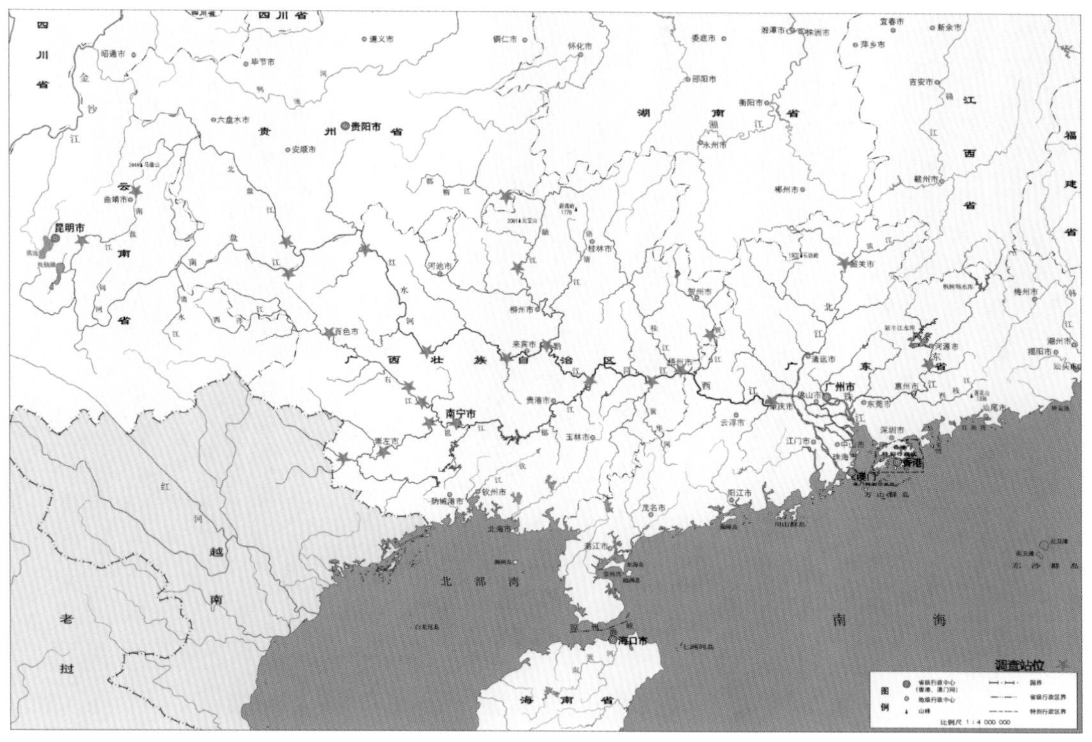

68. 四须盘鮈 *Discogobio tetrabarbatus* (Lin, 1931)

【俗名】油鱼、风鱼、坑鱼

【习性】生活于山区河流上游多砾石的溪流河段，多栖息于砾石底的流水处。

【价值】含脂量高，肉味鲜美，别具风味，是珠江流域山区的小型经济鱼类。

【分布】珠江水系特有种，主要分布在红水河、柳江、左江、右江、郁江、桂江等江段。

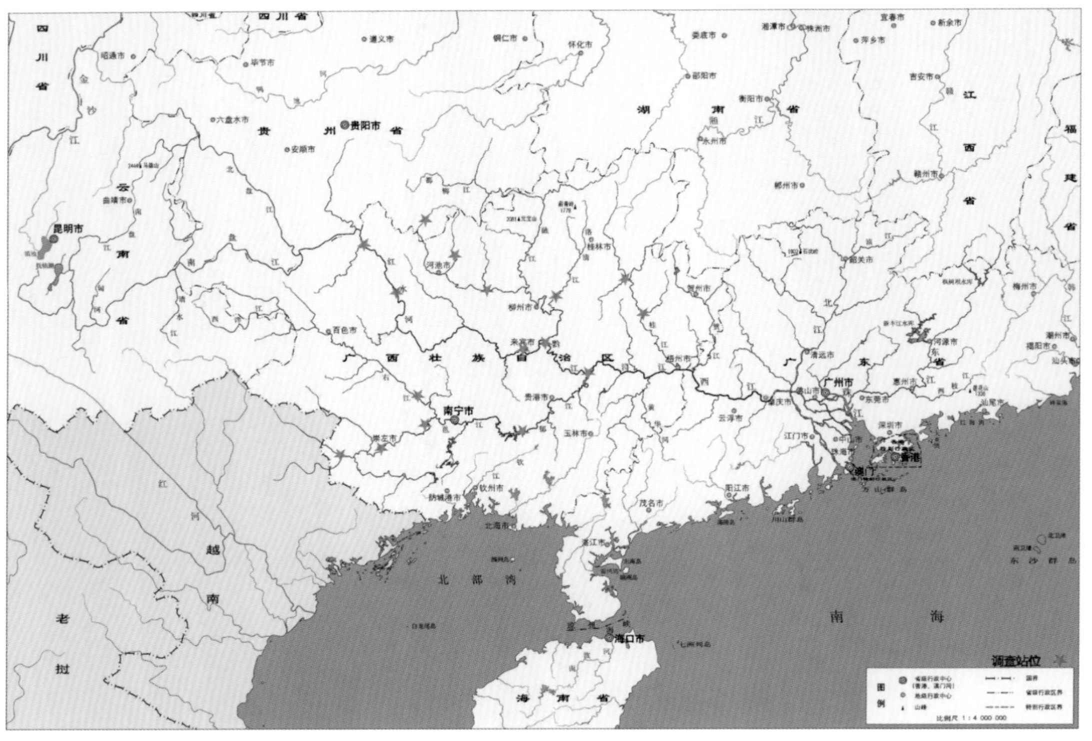

69. 三角鲤 *Cyprinus multitaeniata* (Pellegrin & Chevey, 1936)

【俗名】黄鲫、江鲫

【习性】生活于江河流水的中下层。喜食各种天然饵料、有机碎屑的杂食性鱼类。繁殖期在 2 ～ 3 月，卵黏性。

【价值】为产区食用鱼类。

【分布】主要分布于我国珠江水系和越南红河水系。珠江水系主要分布在红水河、左江、桂江和黔江，具有一定的资源量。

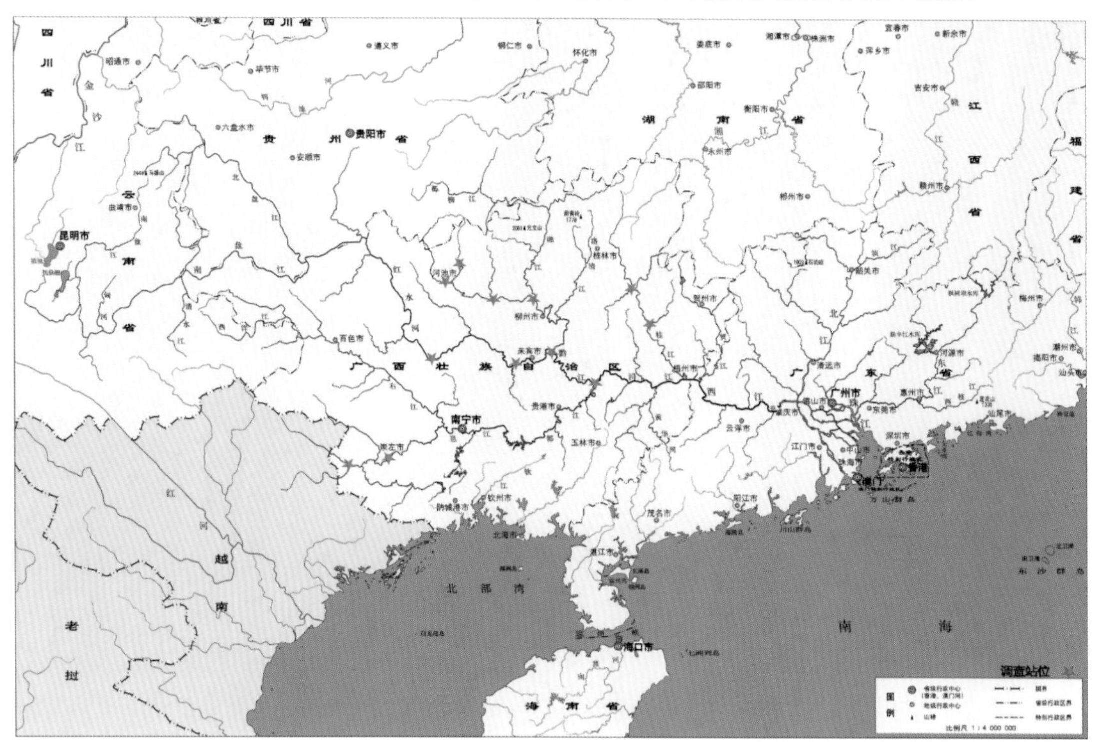

70. 鲤 *Cyprinus carpio* (Linnaeus, 1758)

【俗名】鲤拐子、鲋仔

【习性】多栖息于底质松软、水草丛生的水体。以食底栖动物为主的杂食性鱼类，多食螺、蚌、蚬和水生昆虫的幼虫等底栖动物，也食相当数量的高等植物和丝状藻类。4 ～ 5 月是产卵盛期，2 龄性成熟，产卵季节存在南北差异。

【价值】重要养殖种类，有众多养殖品种，具有重要的经济价值。

【分布】广布于全国各地。广泛分布于珠江水系各江段，资源量大。

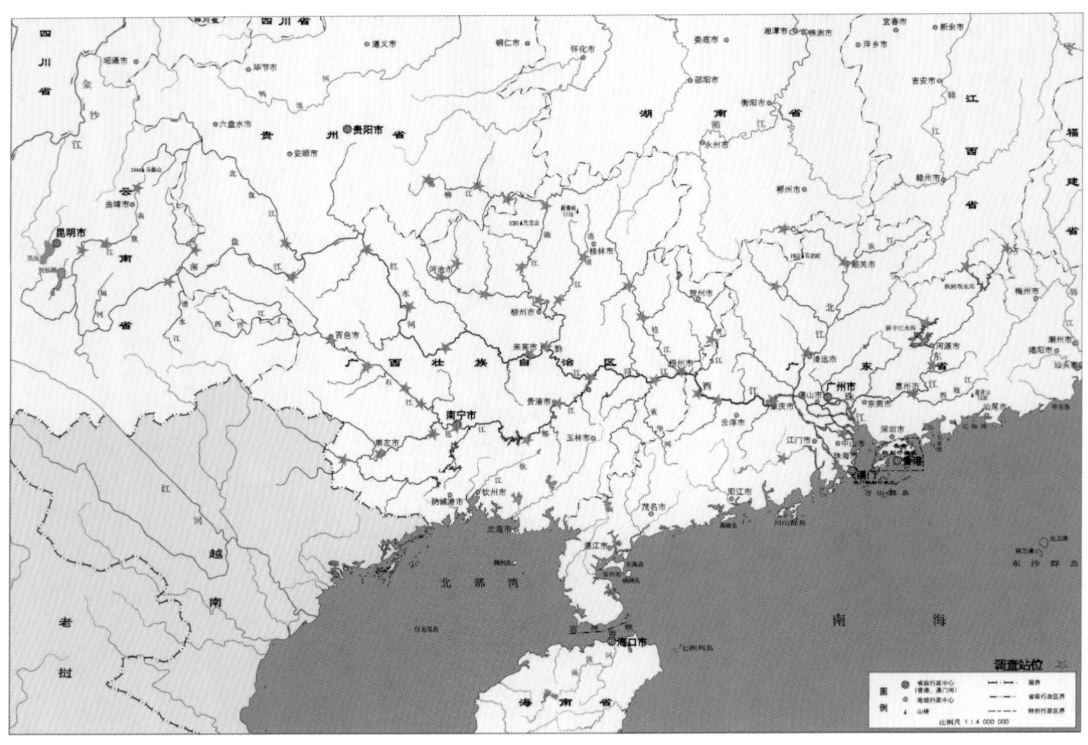

71. 鲫 *Carassius auratus* (Linnaeus, 1758)

【俗名】土鲫

【习性】适应各种水体，喜欢栖息在水草丛生、流水缓慢的浅水河湾、湖汊、池塘中。食谱极为广，其动物性食物以枝角类、桡足类、苔藓虫、轮虫、淡水壳菜、蚬、摇蚊幼虫及虾等为主；植物性食物则以植物的碎屑为主。3～8月均可产卵，1～2龄性成熟。

【价值】肉细嫩，味鲜美，为重要食用鱼类和养殖鱼类。变种金鱼，经长期选育，形成许多品种，供观赏。

【分布】分布于除青藏高原水系外的我国各水系。广泛分布于珠江水系各江段，具有较大的资源量。

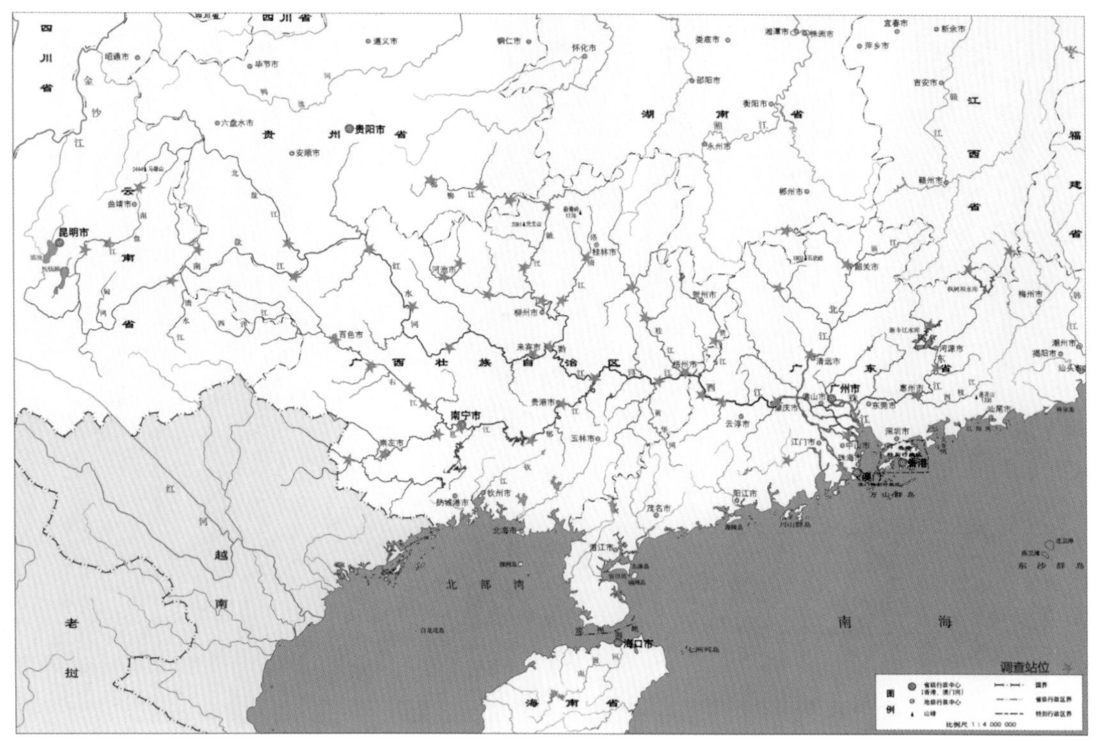

鲇 形 目

72. 鲇 *Silurus asotus* (Linnaeus, 1758)

【俗名】鲶鱼、鲶拐子、洼子

【习性】生活在江河、湖泊、水库的中下层，多栖息在水草丛生、水流缓慢的底层。肉食性鱼类，主要以鱼、虾和水生昆虫为食。一般在 4 ～ 6 月产卵，卵黏性 。

【价值】肉嫩刺少，营养丰富，为重要经济鱼类。

【分布】遍布全国除青藏高原水系外的各水系。广泛分布于珠江水系各江段，资源量大。

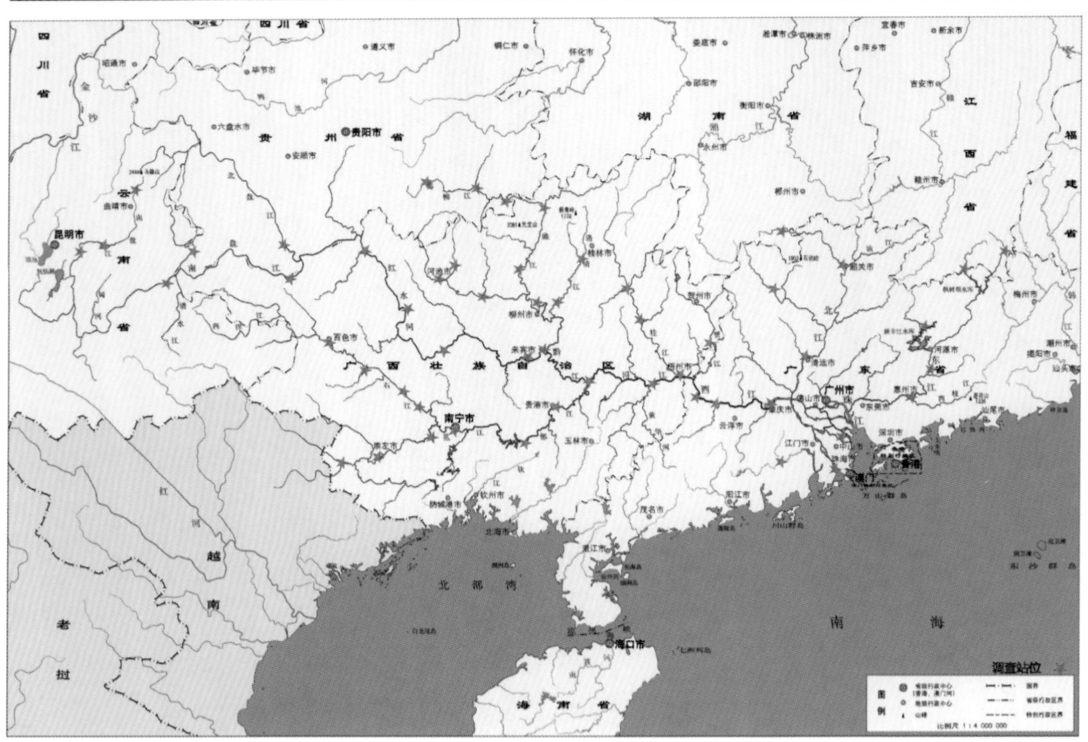

73. 都安鲇 *Silurus duanensis* (Hu, Lan & Zhang, 2004)

【俗名】无

【习性】2004 年被发现为新种，生活习性不详。

【价值】具有保护和学术价值。

【分布】广西特有鱼类，分布在红水河江段，资源量较少。

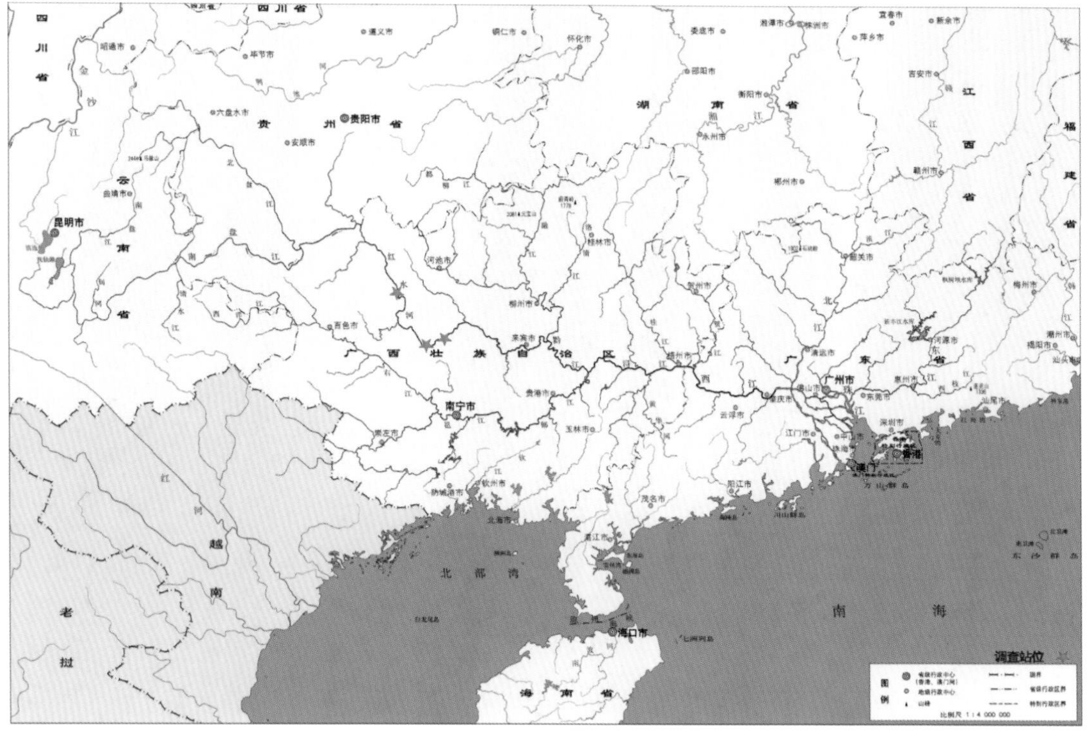

74. 糙隐鳍鲇 *Pterocryptis anomala* (Herre, 1934)

【俗名】大须鲇

【习性】多生活在山溪多砾石处。食性和繁殖习性不详。

【价值】个体不大且数量少，经济价值不大。

【分布】分布于珠江水系和海南岛。珠江水系主要分布在南盘江、桂江和红水河上游，资源量较少。

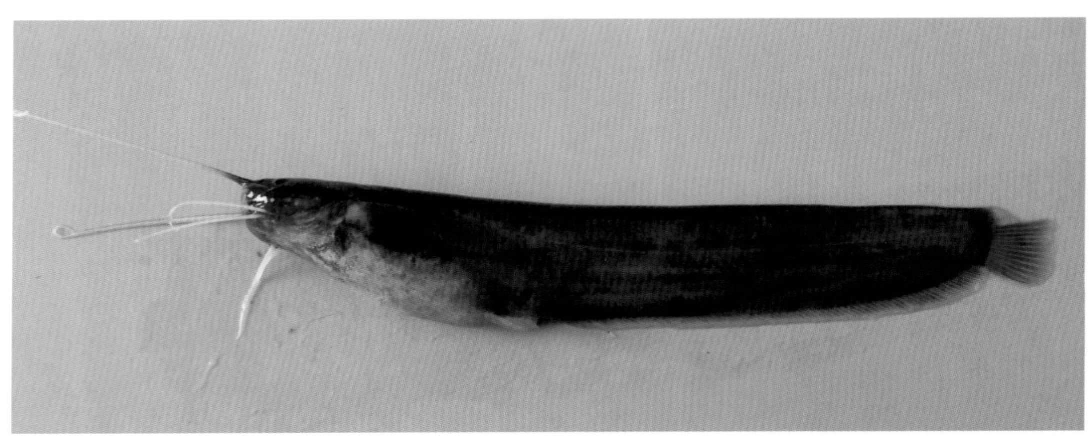

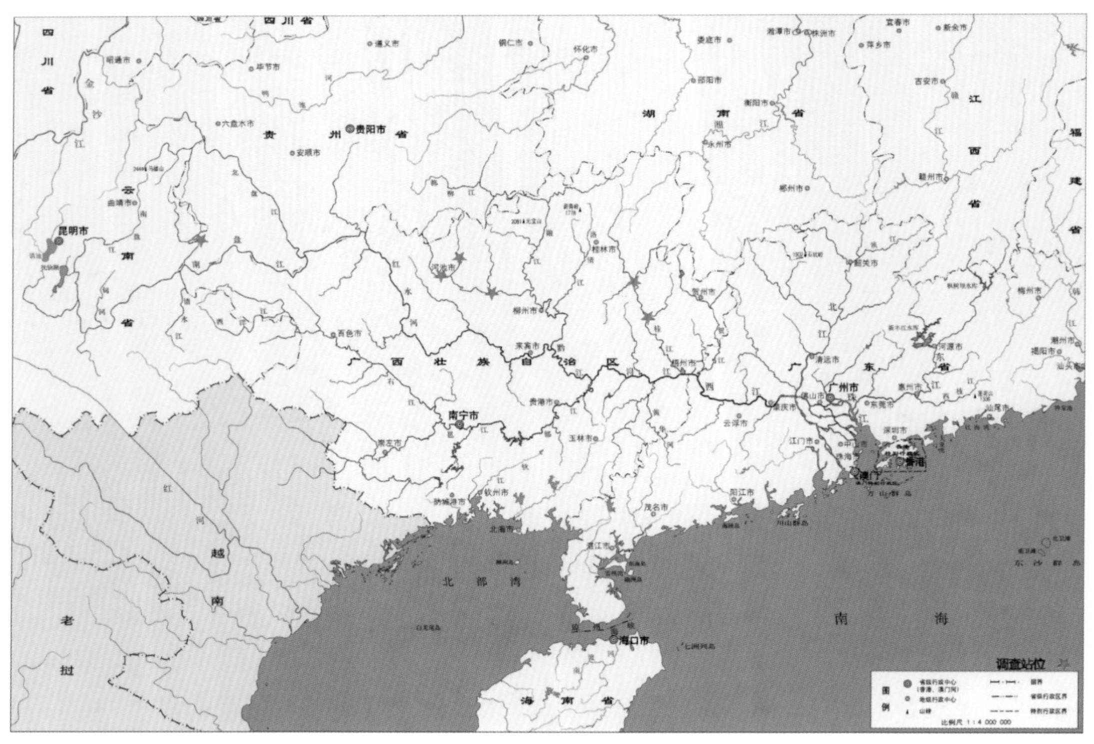

75. 越南隐鳍鲇 *Pterocryptis cochinchinensis* (Valenciennes, 1840)

【俗名】敏鱼

【习性】喜营洞穴生活，常栖居于水质较清、水流缓慢的山涧或洞穴中，以鱼、虾、水生昆虫等为食。繁殖习性不详。

【价值】产量少，经济价值不大。

【分布】分布于珠江水系和海南岛。珠江水系主要分布在南盘江、红水河、柳江、桂江、浔江、东江和西江，资源量较少。

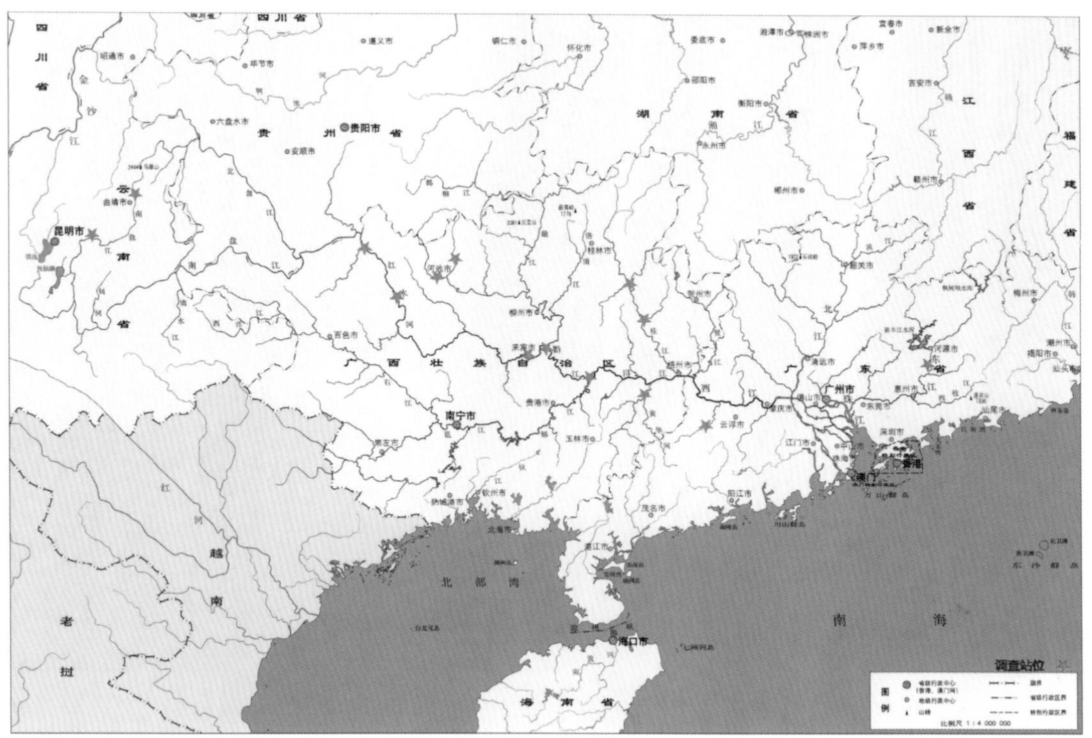

76. 胡子鲇 *Clarias fuscus* (Lacepède, 1803)

【俗名】土虱、角鱼、塘虱鱼

【习性】栖息于水草丛生的江河、池塘、沟渠、沼泽和稻田的洞穴内或暗处，喜集群生活。以水生昆虫及其幼虫、小虾、寡毛类、小型软体动物和小鱼等为食。繁殖期在 5 ～ 7 月。

【价值】产地重要经济鱼类。

【分布】全国各水系均有分布。广泛分布在珠江水系各江段，资源量较大。

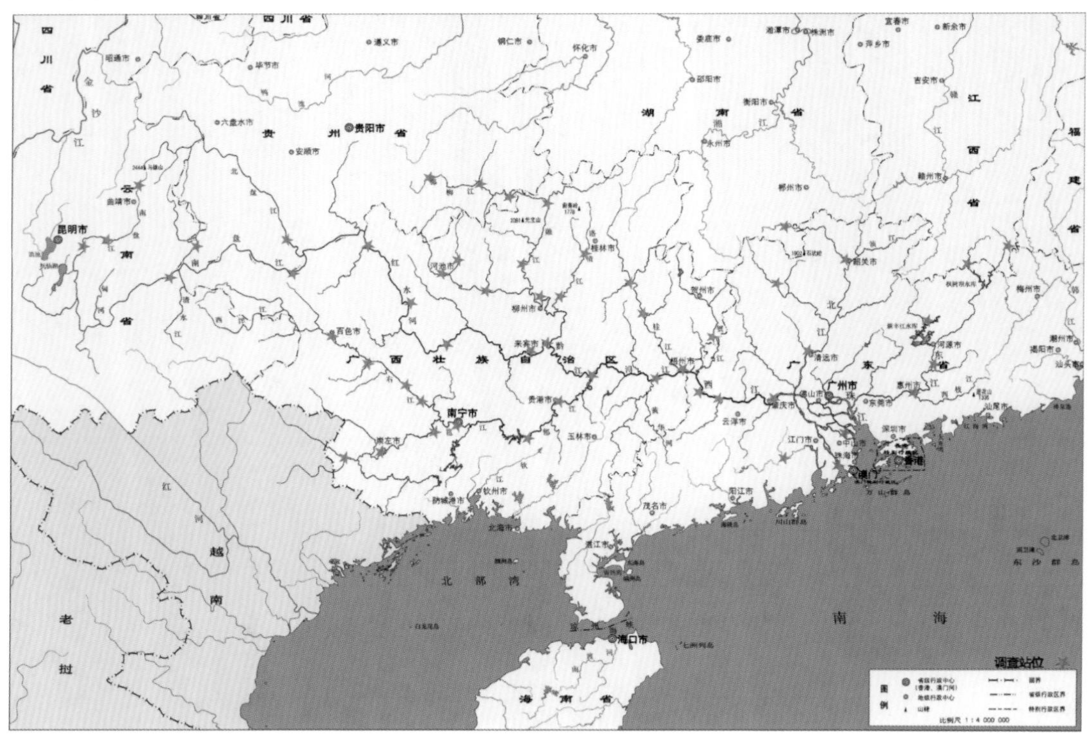

77. 长臀鮠 *Cranoglanis bouderius* (Richardson, 1846)

【俗名】骨鱼、枯鱼

【习性】亚热带山麓河溪底层鱼类，喜清澈流水环境。性贪食，以虾类、小鱼、底栖水生昆虫、小型贝类等为主食。繁殖习性不详。

【价值】肉味鲜美，含脂量较高，是产地重要经济鱼类。濒危物种。

【分布】珠江水系特有种，主要分布在北盘江、红水河、柳江、黔江、郁江、浔江、左江、西江和北江等江段，资源量较少。

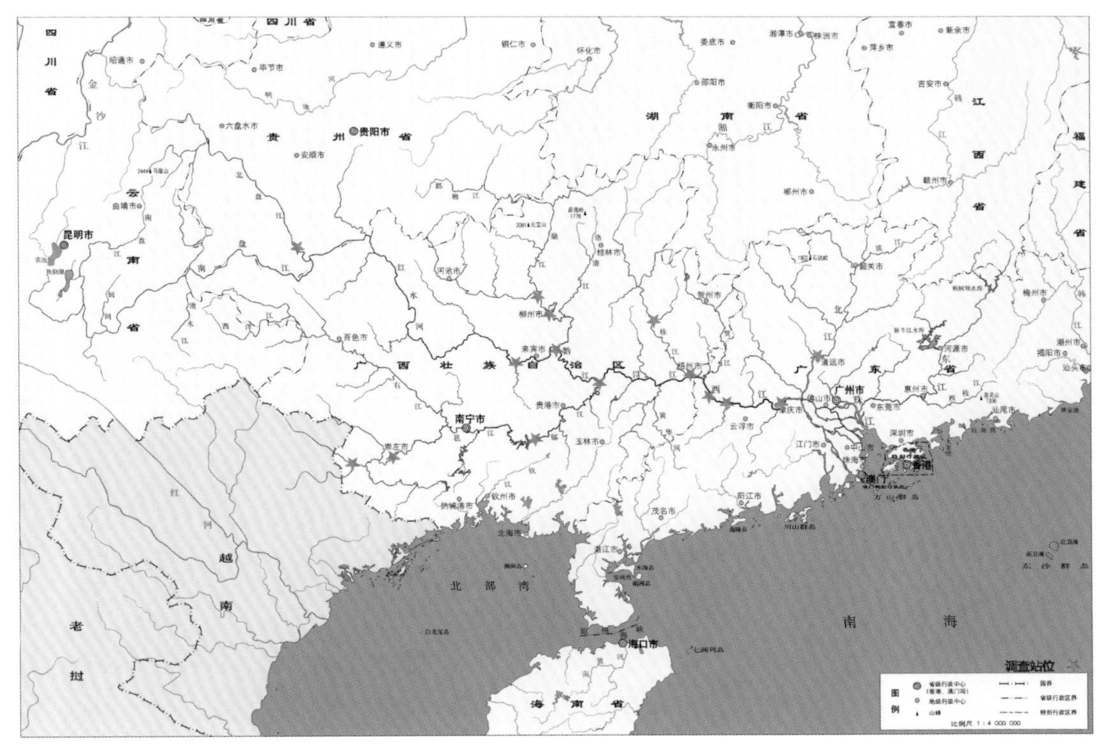

78. 黄颡鱼 *Pelteobagrus fulvidraco* (Richardson, 1846)

【俗名】黄骨鱼、黄辣丁

【习性】生活在江河缓流、水生植物丛生的水底层。主要以小鱼、虾、各种陆生和水生昆虫、小型软体动物和其他水生无脊椎动物为食，亦吞食鱼卵。4～5月产卵，亲鱼有掘坑筑巢和保护后代的习性。

【价值】我国重要养殖鱼类，具有较高的经济价值。

【分布】广布于我国各大水系。广泛分布在珠江水系的各河流江段，资源量较丰富。

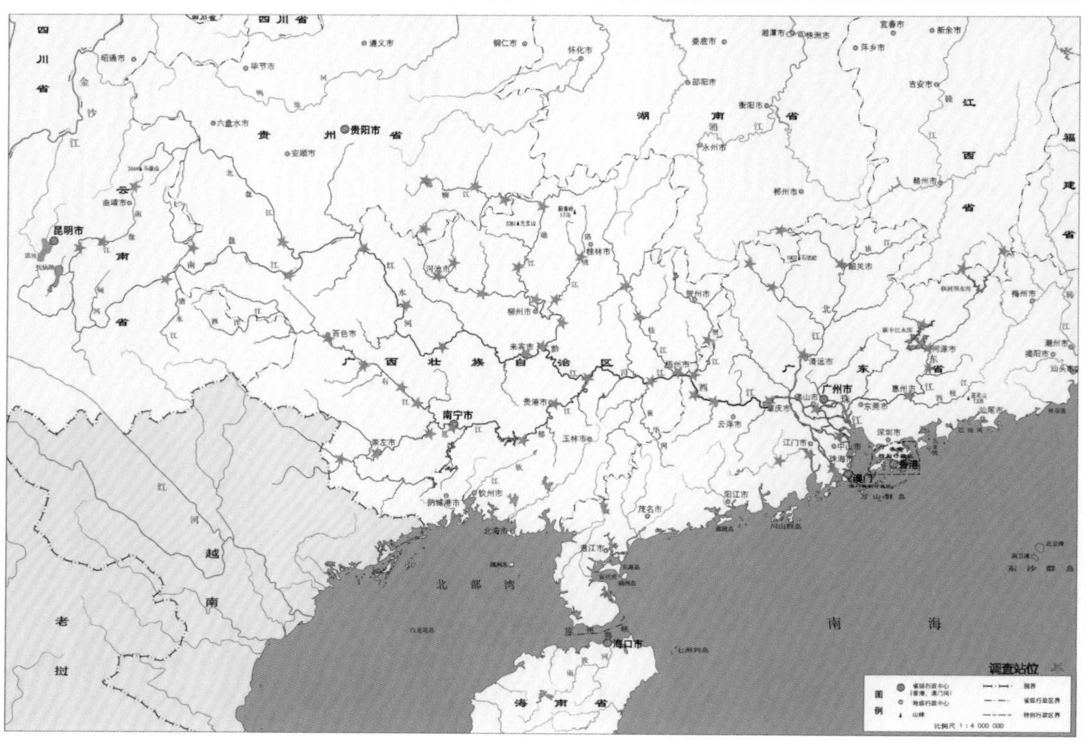

79. 瓦氏黄颡鱼 *Pelteobagrus vachelli* (Richardson, 1846)

【俗名】黄牯、大头黄央

【习性】小型底栖鱼类，栖息于岩石或泥沙底质的江河环境中，主要摄食昆虫幼虫（摇蚊科、蜻蜓目、蜉蝣目、鞘翅目）及小虾，也摄食禾本科植物碎片和种子等。4～5月产卵，卵黏性。

【价值】肉质细嫩、味道鲜美、营养丰富、少肌间刺，具有重要的经济价值。

【分布】广布于我国各大水系。广泛分布在珠江水系的各河流江段，资源量较丰富。

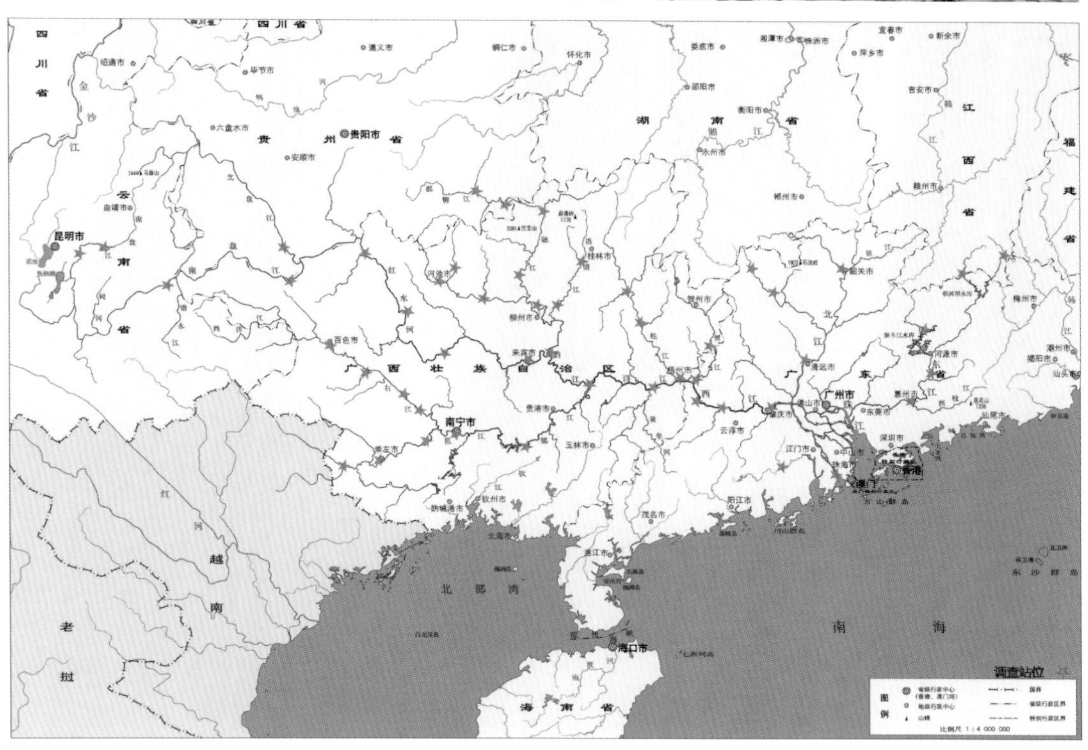

80. 中间黄颡鱼 *Pelteobagrus intermedius* (Nichols & Pope, 1927)

【俗名】黄牯、黄央

【习性】生活习性不详。

【价值】个体较小，数量不多，有一定的经济价值。

【分布】分布于珠江水系和海南岛。珠江水系主要分布在红水河、浔江、潭江等江段，资源量较少。

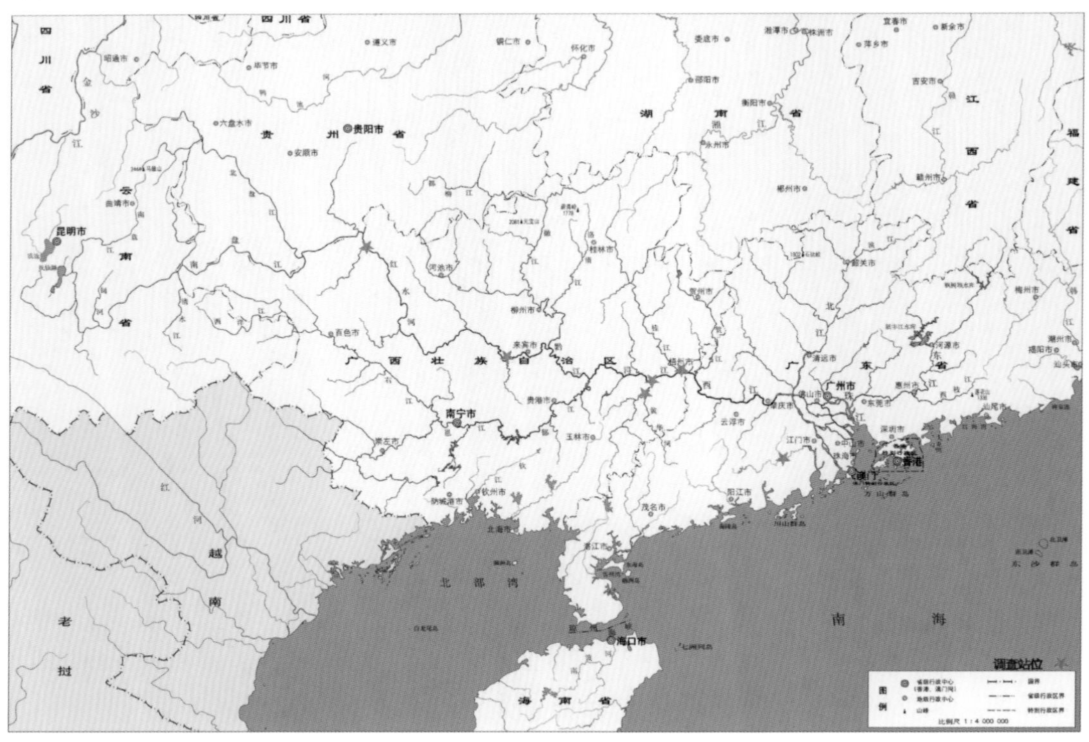

81. 粗唇鮠 *Leiocassis crassilabris* (Günther, 1864)

【俗名】黄牯、黄蜂鱼

【习性】生活在江河湾的草丛和岩洞；主要以寡毛类、小型软体动物、虾、蟹及小鱼为食；8～9月在浅水草丛中产卵，卵黏性。

【价值】肉质鲜嫩，骨刺少，为优质经济鱼类。

【分布】广布于长江、珠江、闽江等。广泛分布于珠江水系除云南江段外的各江段，资源量较丰富。

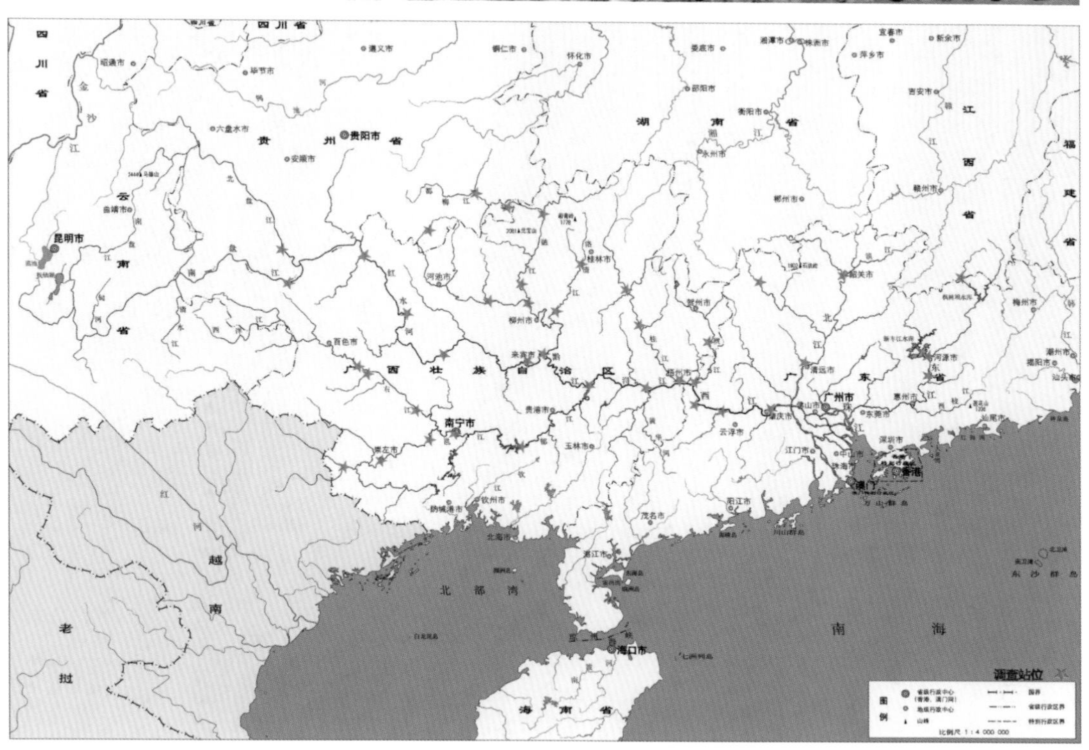

82. 条纹鮠 *Leiocassis virgatus* (Oshima, 1926)

【俗名】无

【习性】生活于水体底层，食小型水生无脊椎动物。繁殖习性不详。

【价值】华南地区特有鱼类，数量少，经济价值不大。

【分布】分布于珠江、海南岛和福建部分水系。珠江水系主要分布在黔江、浔江和西江等江段，资源量较少。

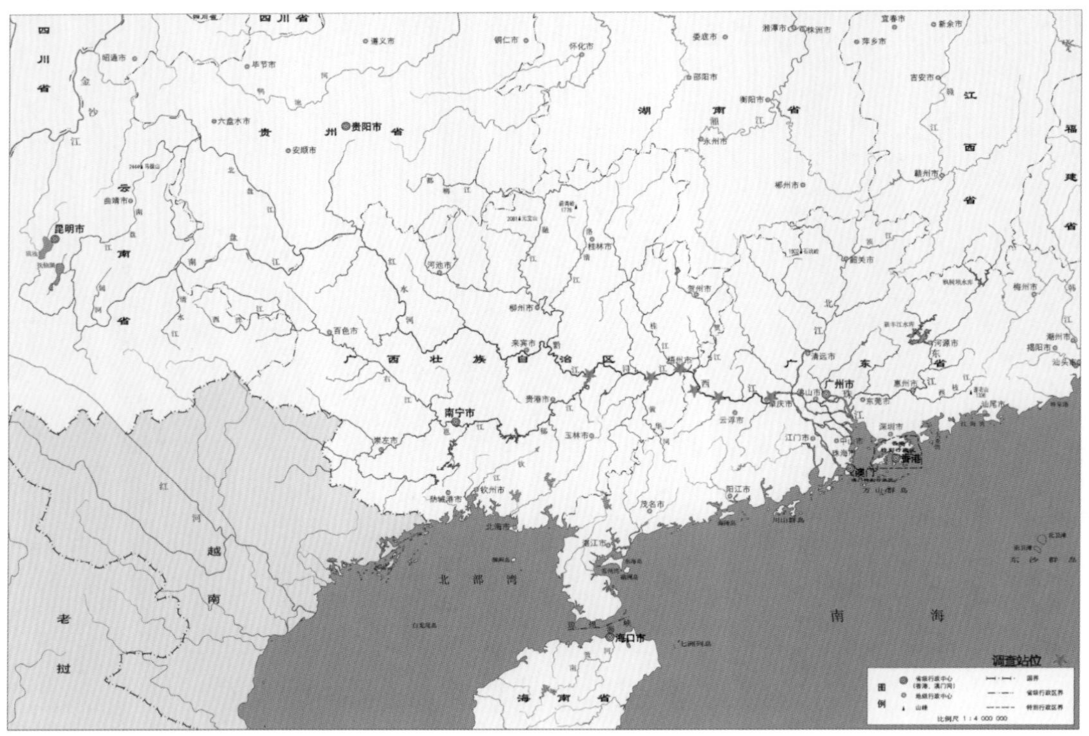

83. 斑鳠 *Hemibagrus guttatus* (Lacepède, 1803)

【俗名】鲋鱼、芝麻鲋

【习性】生活在江河的底层，每年 4 ～ 6 月繁殖，但在 6 ～ 8 月也发现有成熟个体。以小型水生动物为食，如水生昆虫、小鱼、小虾等，也食少量的高等水生植物碎屑。

【价值】国家二级保护动物。

【分布】分布于中国钱塘江、九龙江、韩江、珠江、元江等水系，以及南亚地区的湄公河流域及马来西亚、印度尼西亚的内陆河流。珠江水系分布广泛，但是资源衰退严重。

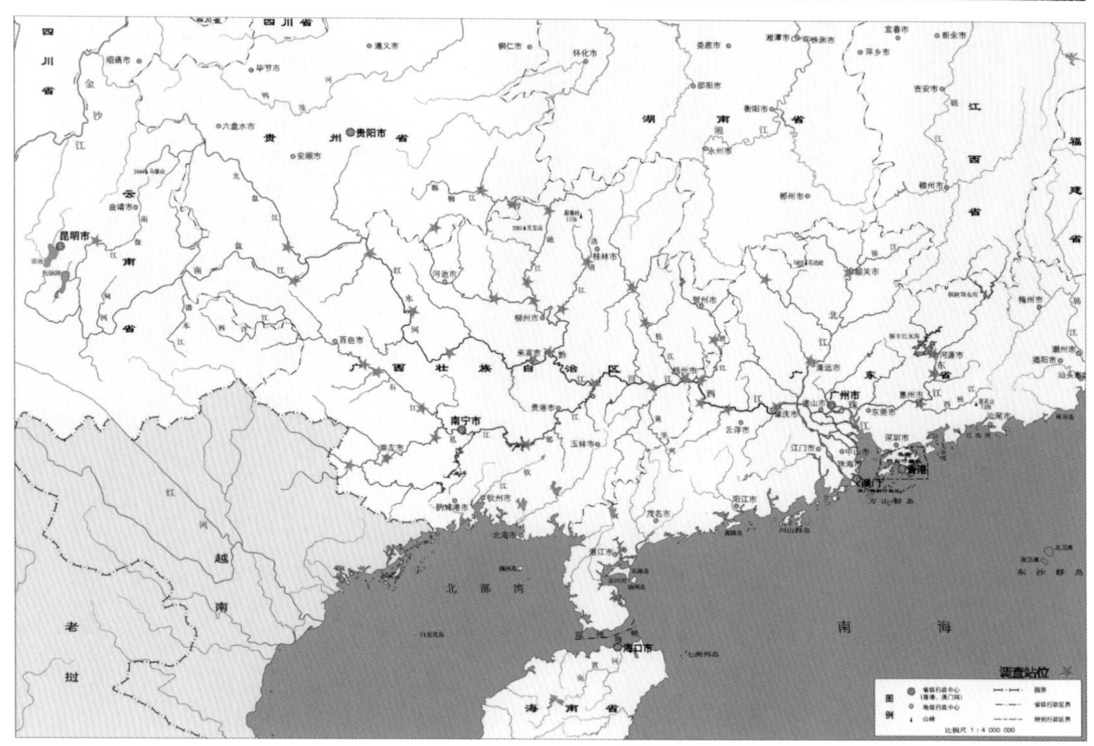

84. 大鳍鳠 *Hemibagrus macropterus* (Bleeker, 1870)

【俗名】鲥鱼

【习性】生活在江河的底层，如急流、多石块的水体中。每年5～6月繁殖。以小型鱼类、软体动物等为食。

【价值】肉质细嫩，味美，营养价值高，为优质食用鱼。

【分布】分布于我国长江、珠江、韩江等水系。珠江水系主要分布在柳江、黔江、桂江、东江和北江等江段，资源衰退严重。

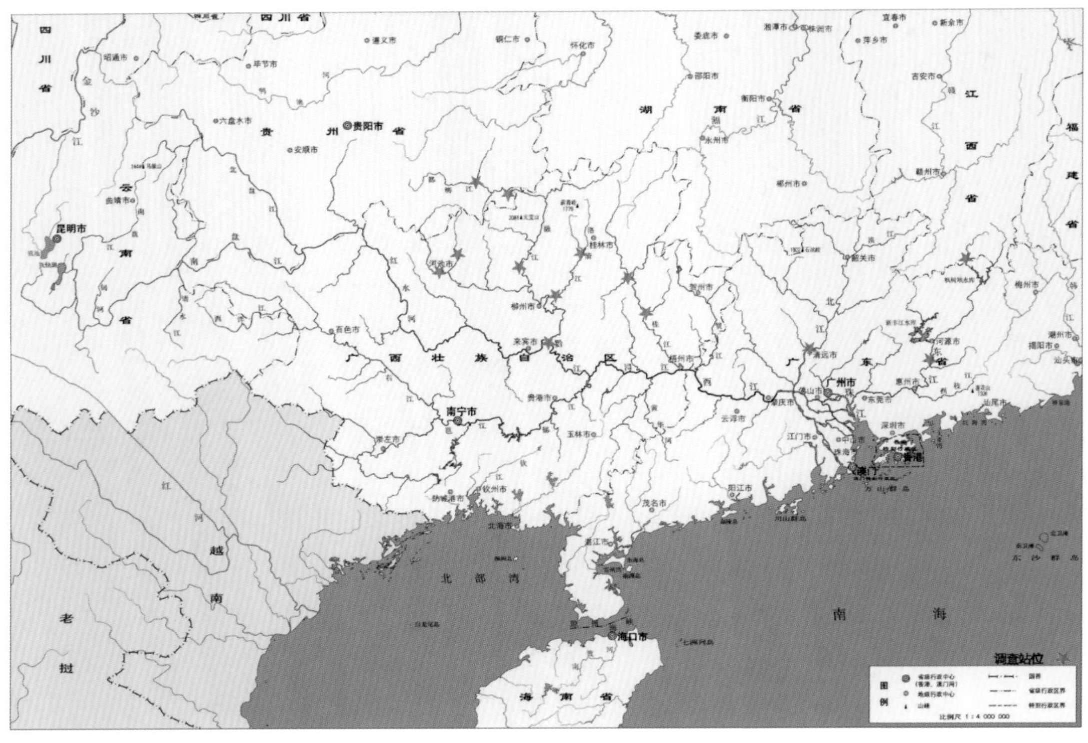

85. 福建纹胸鮡 *Glyptothorax fokiensis* (Rendahl, 1925)

【俗名】石黄姑、骨钉、黄牛角、羊角鱼

【习性】小型底栖鱼类，常在急流中活动，用胸腹面发达的皱褶吸附于石上，以昆虫幼虫为主要食物。5～6月在急流石滩上产卵，卵黏附于石块上。

【价值】体型小，经济价值一般。

【分布】分布于我国南方水系。珠江水系主要分布在红水河、柳江、右江、黔江、桂江和东江等江段，资源量不大。

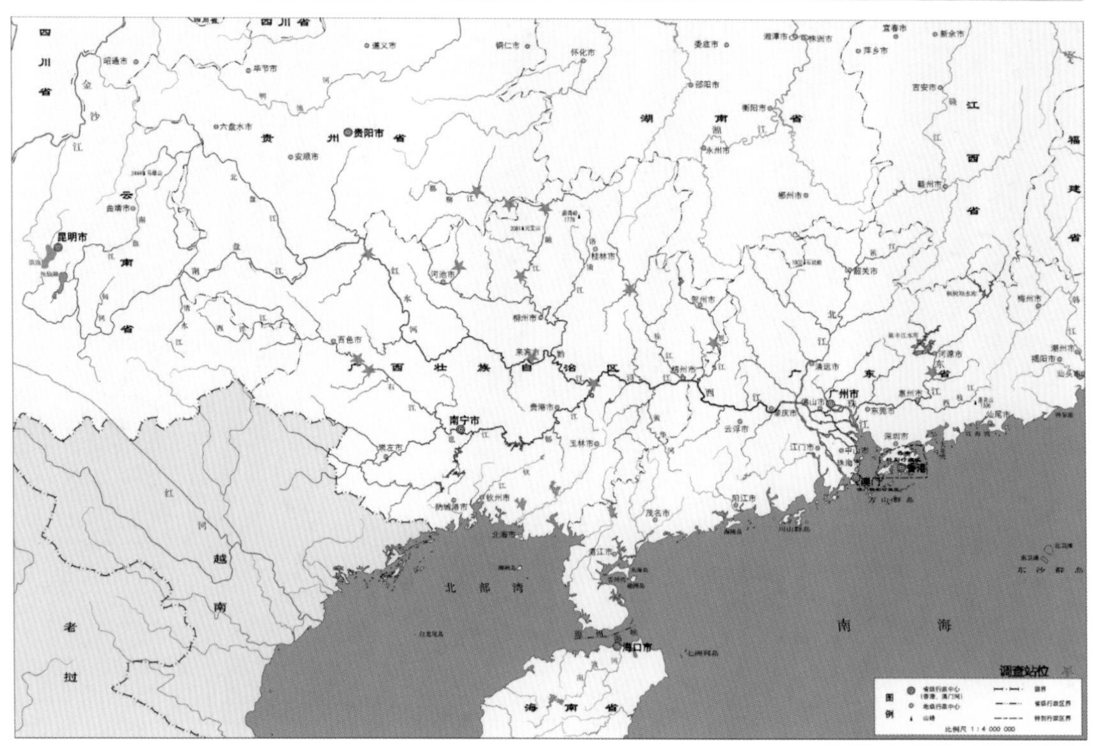

86. 斑点叉尾鮰 *Ictalurus punctatus* (Rafinesque, 1818)

【俗名】钩鲶、美洲鲶

【习性】生活在江河、湖泊、水库和池塘中，或者淹没的树木、树桩、树根之下或河道的洞穴里。长江流域繁殖期在6～7月，性成熟年龄为3龄。主要以底栖生物、水生昆虫、浮游动物、轮虫、有机碎屑及大型藻类等为食。

【价值】蛋白质含量及矿物质含量较高。

【分布】天然分布区在美国中部流域、加拿大南部和大西洋沿岸部分地区，后广泛进入大西洋沿岸，全美国和墨西哥北部都有分布。我国于1984年引入，在珠江水系各地均有养殖。

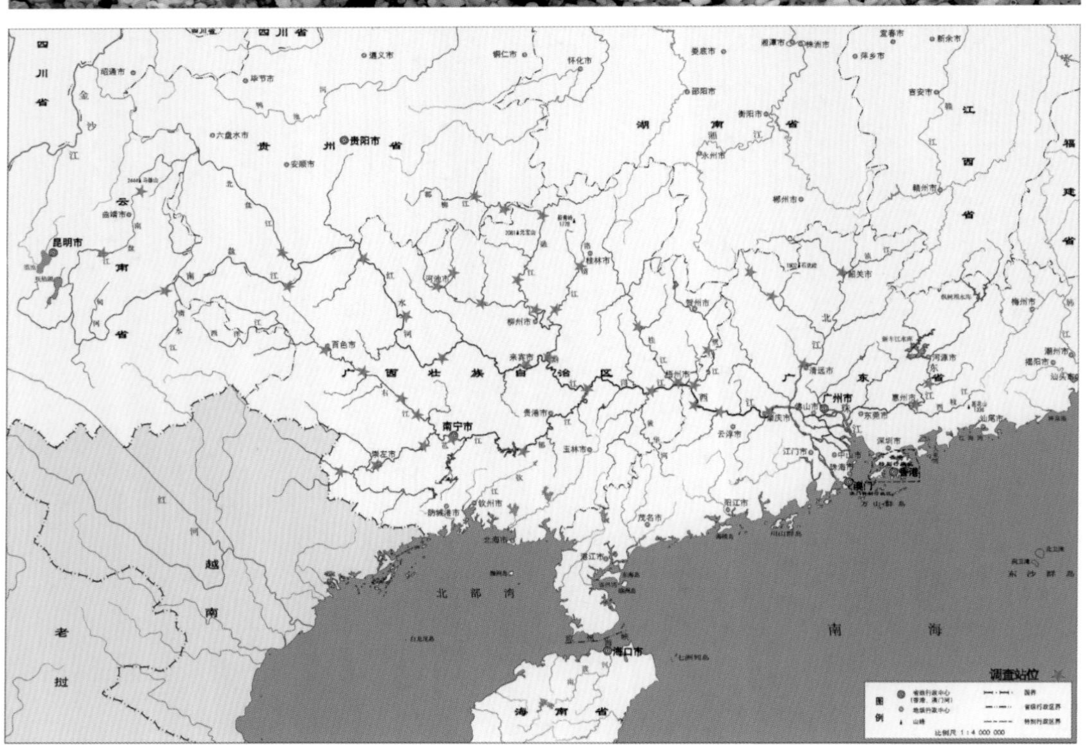

鲻 形 目

87. 鲻 *Mugil cephalus* (Linnaeus, 1758)

【俗名】乌支、九棍、葵龙、田鱼、乌头、乌鲻

【习性】可在淡水、咸淡水和咸水中生活，喜欢栖息在沿海近岸、海湾和江河入海口处。以铲食泥表的周丛生物为生，饵料有矽藻、腐殖质、多毛类和摇蚊幼虫等，也食小虾和小型软体动物。雄鱼一般3～4龄成熟，雌鱼4～6龄成熟，繁殖期在10月至次年1月。

【价值】我国南方沿海咸淡水养殖的最主要经济鱼类之一，具有重要的经济价值。

【分布】分布于我国沿海地区。主要分布在珠江水系的东江、西江和北江下游江段及珠江三角洲河网，其中，珠江三角洲河网具有较大的资源量。

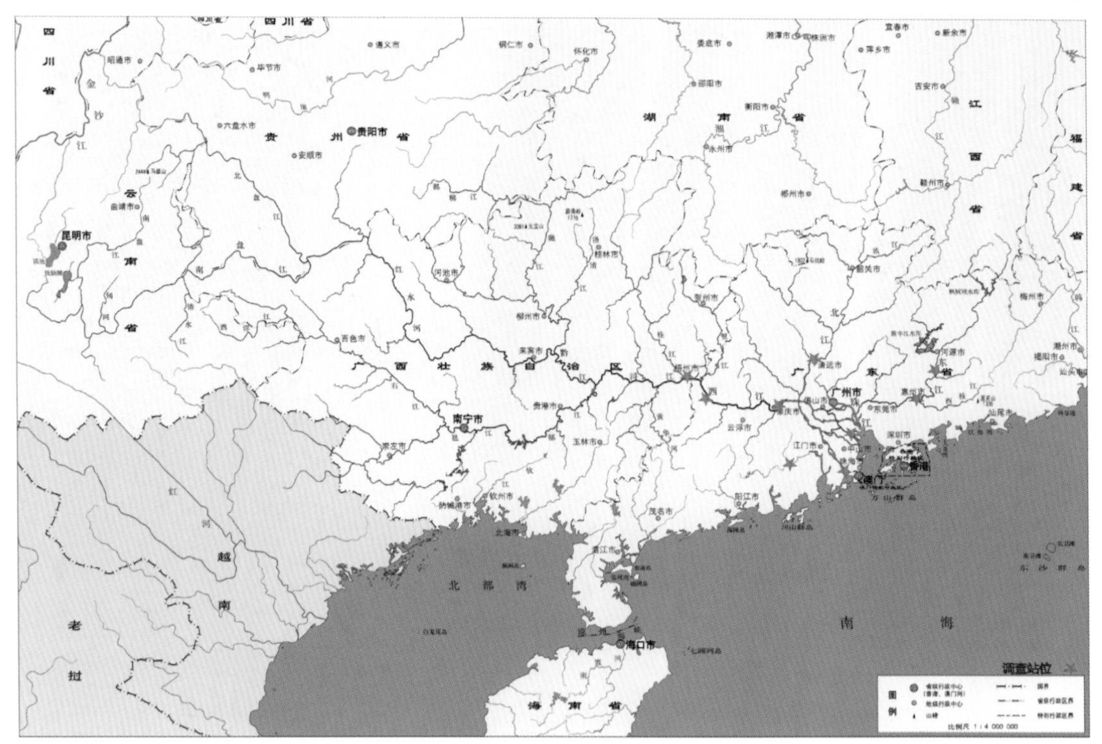

颌针鱼目

88. 间下鱵 *Hyporhamphus intermedius* (Cantor, 1842)

【俗名】竹壳

【习性】栖息于河口和淡水的中下层，亦能生活在小溪河中。主要以沼虾、小鱼为食。繁殖期在 7 ～ 9 月，亲鱼有护卵习性。

【价值】含肉量高，肉质细嫩，味鲜美，具有一定的经济价值。

【分布】主要分布于河口及河流下游。珠江水系主要分布在西江、北江下游江段及珠江三角洲河网，资源量较少。

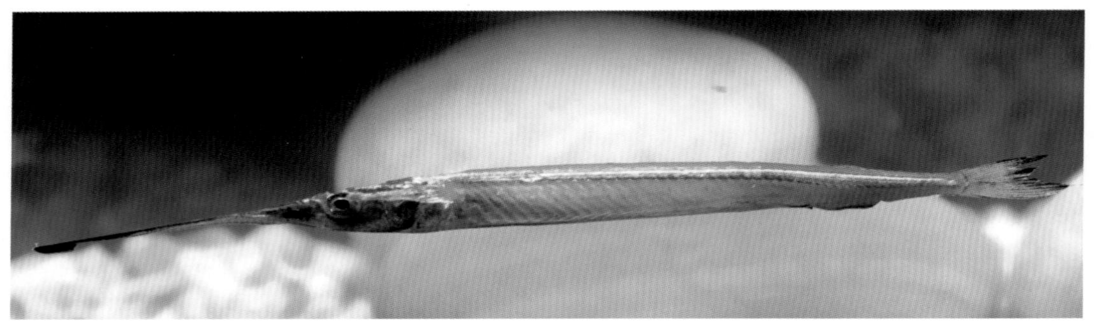

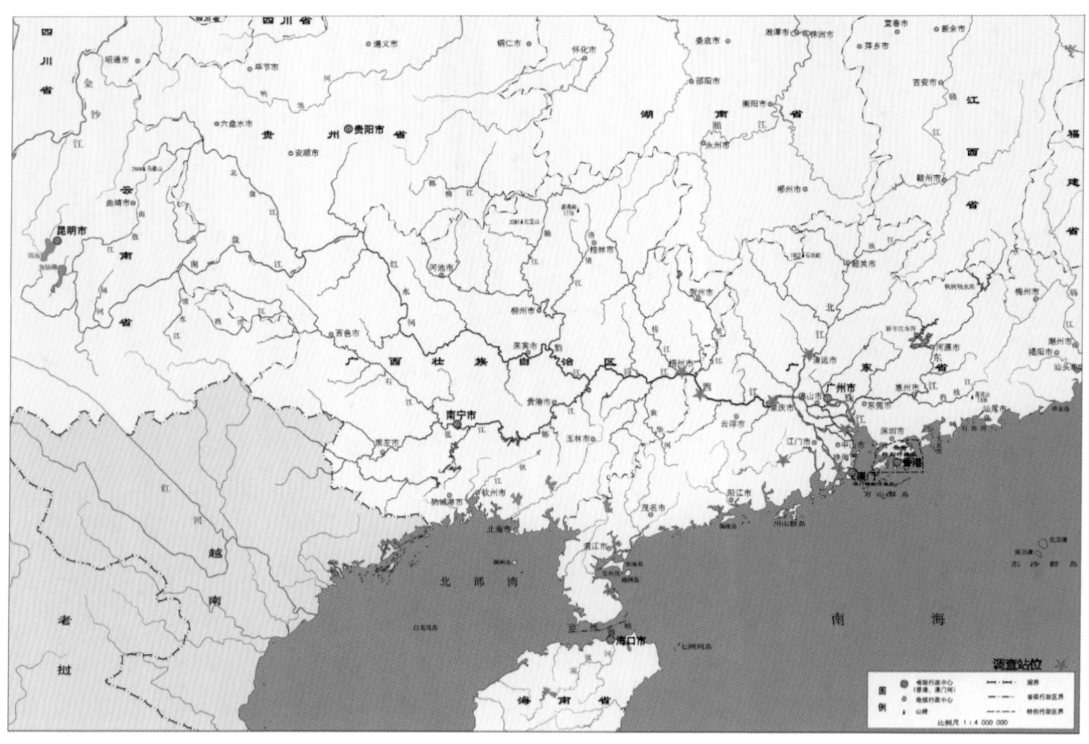

鲈 形 目

89. 花鲈 *Lateolabrax japonicus* (Cuvier, 1828)

【俗名】鲈鱼、牙鲈

【习性】栖息于河口咸淡水处，亦能生活于淡水中。鱼苗以浮游动物为食，幼鱼以虾类为主食，成鱼则以鱼类为主食。秋末为繁殖季节，3 龄性成熟。

【价值】肉味鲜美，是重要的经济鱼类；鳃、肉可药用。

【分布】分布于中国、朝鲜及日本的近岸浅海。珠江水系主要分布在东江、西江和北江下游江段，以及珠江三角洲河网，资源量不大。

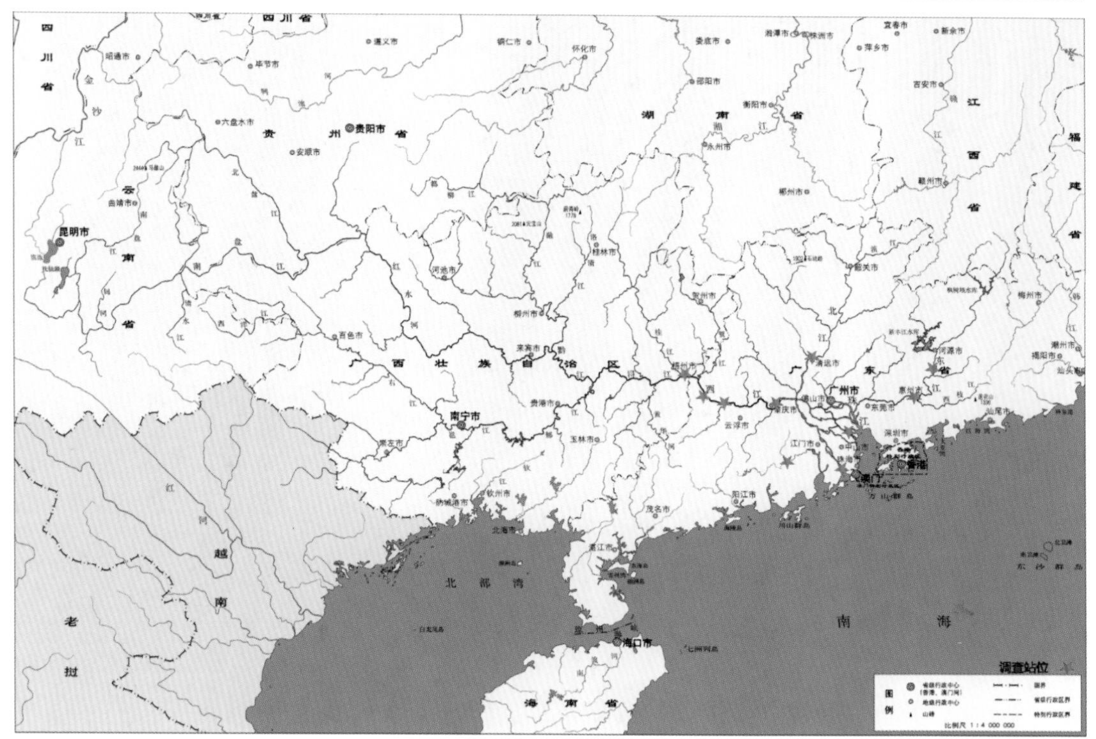

90. 斑鳜 *Siniperca scherzeri* (Steindachner, 1892)

【俗名】黑桂

【习性】江河、湖泊中都能生活，尤喜栖息于流水环境，常栖息于底层。主要以小鱼、小虾等为食。

【价值】蛋白质含量较高。

【分布】广泛分布于珠江和长江以东，北至辽河和鸭绿江水域。珠江水系主要分布在南盘江、北盘江、红水河、柳江、黔江、郁江、左江、右江、桂江、浔江、贺江、西江、东江和北江等多个江段，具有一定的资源量。

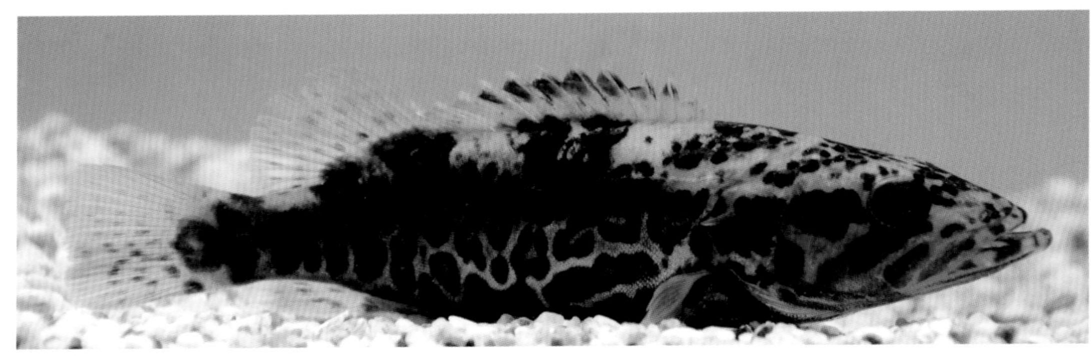

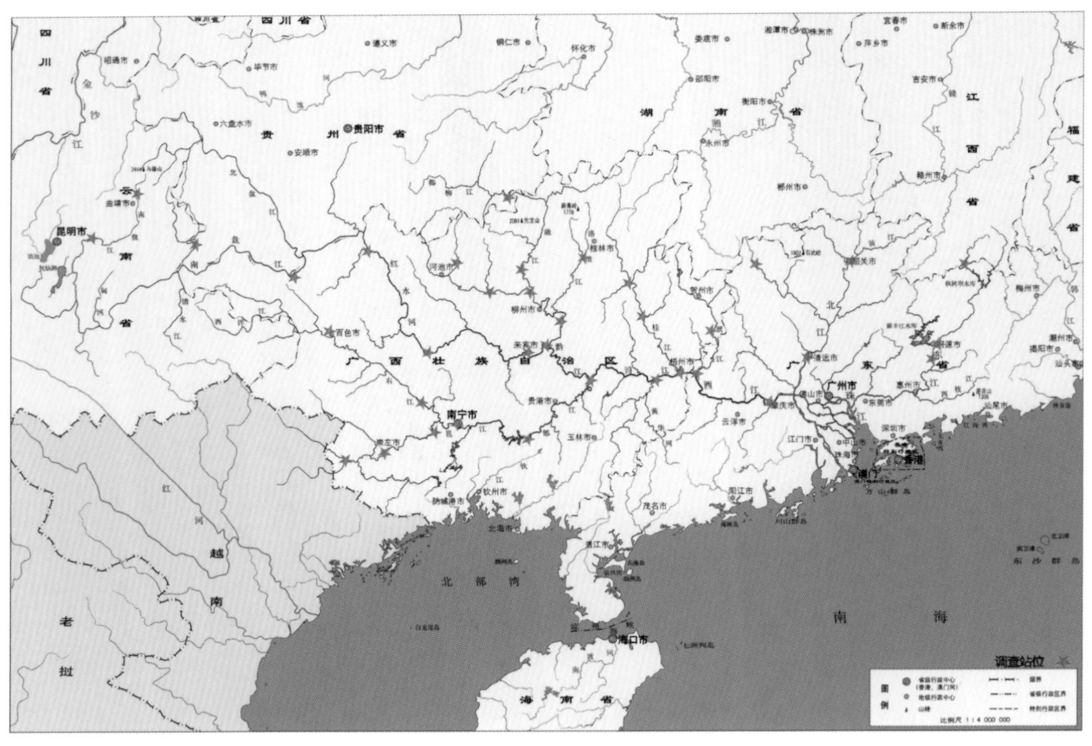

91. 大眼鳜 *Siniperca knerii* (Garman, 1912)

【俗名】白桂、桂鱼

【习性】喜栖息于江河、湖泊的流水环境。性凶猛，以鱼、虾为食。

【价值】肉味鲜美，是当地重要的食用名贵鱼类。

【分布】分布于长江以南各水系。广泛分布于珠江水系各河流江段，资源量较丰富。

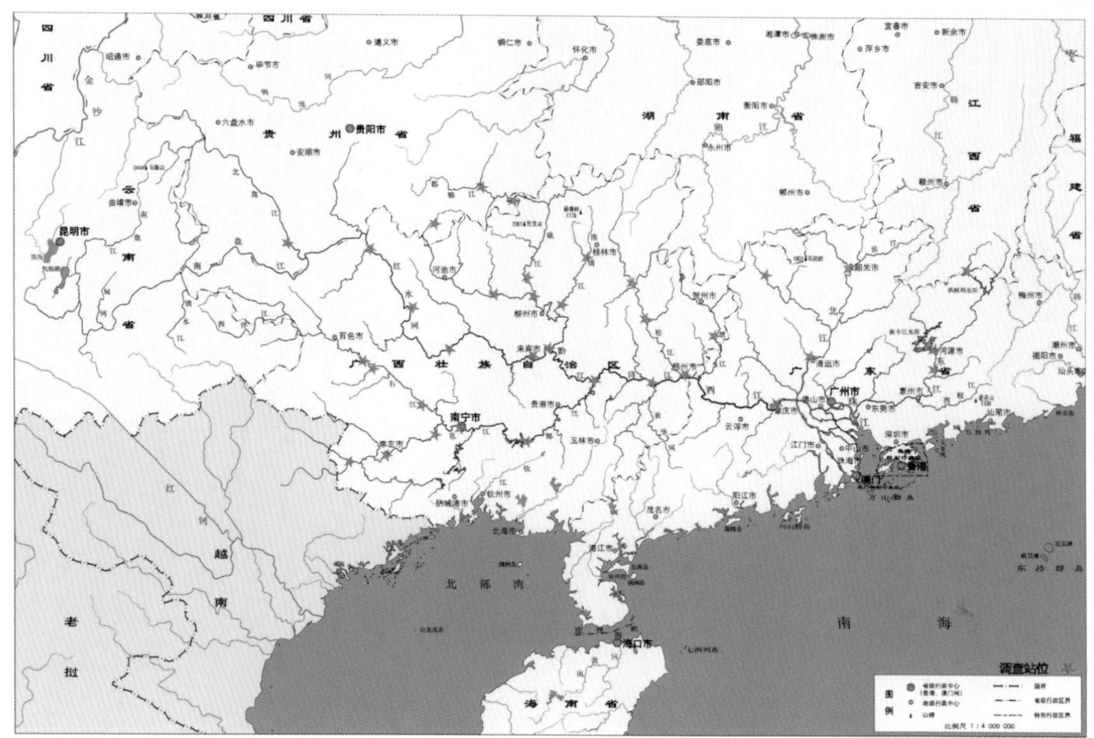

92. 中华少鳞鳜 *Coreoperca whiteheadi* (Boulenger, 1900)

【俗名】石斑、桂婆、木叶桂

【习性】生活在水流湍急、水质清澈的溪流中，多栖息于上游河段，以小鱼、虾等为食。

【价值】产区重要的经济鱼类。

【分布】分布于长江、钱塘江、闽江、珠江和海南岛等水系。珠江水系主要分布在柳江、郁江、左江、贺江和北江等江段，资源量较丰富。

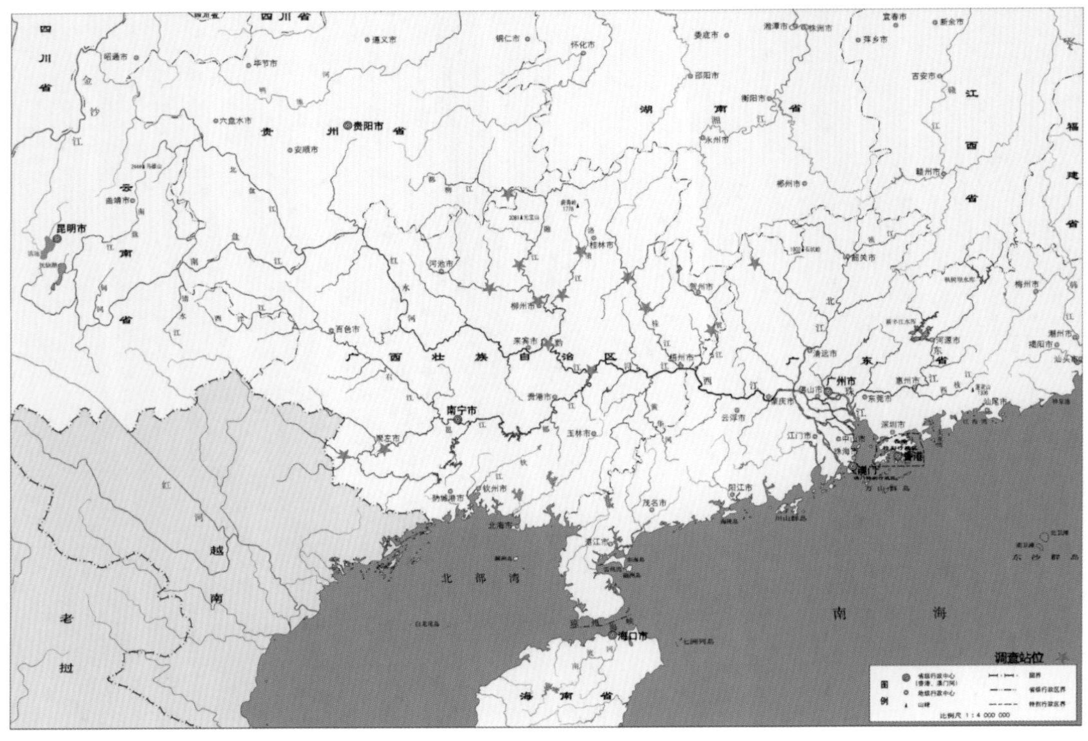

93. 尼罗罗非鱼 *Oreochromis niloticus* (Linnaeus, 1758)

【俗名】非洲鲫鱼

【习性】通常生活于淡水中，也能生活于不同盐分含量的咸水中，栖息于水体中下层。食性广泛，以植物性食物为主。具有食性杂、耐低氧、不耐低高温、繁殖能力强等特点。

【价值】世界性养殖鱼类，具有重要的经济价值。

【分布】原产于非洲，现今世界各地均有养殖。珠江水系各河流江段均有分布，资源量大。

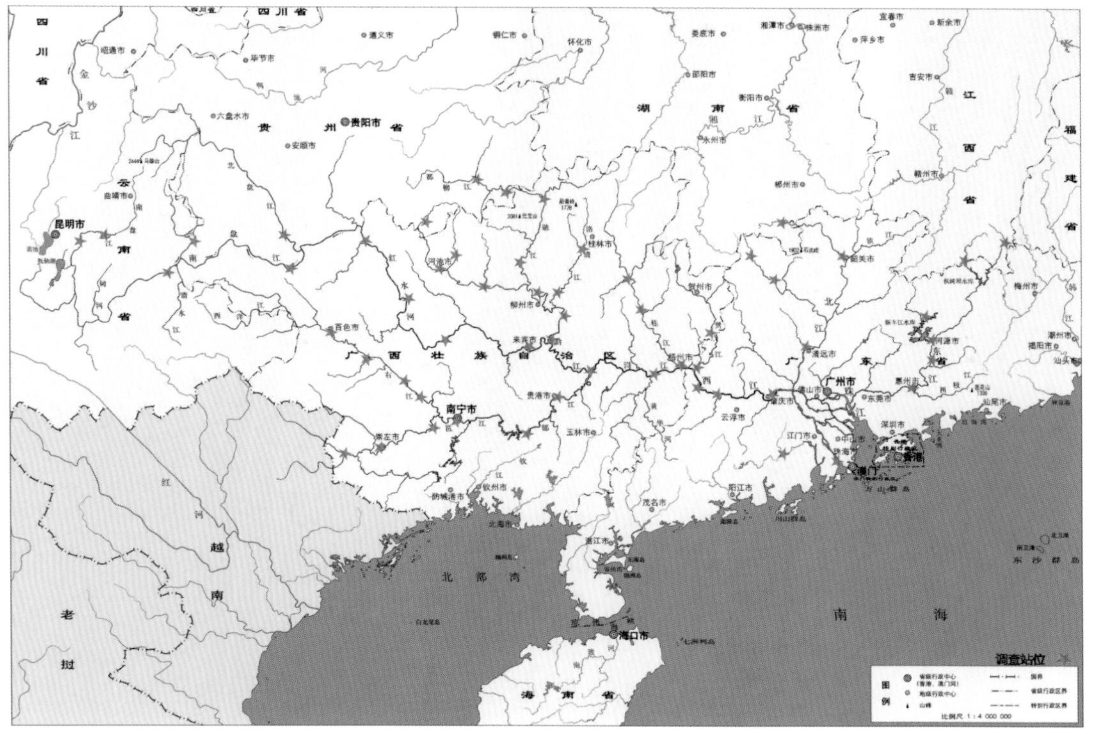

94. 尖头塘鳢 *Eleotris oxycephala* (Temminck & Schlegel, 1845)

【俗名】竹壳

【习性】沿海鱼类，可进入淡水生活，主要生活于中上层水域。主要以桡足类、枝角类为食，亦吃昆虫。

【价值】罕见鱼种，且鱼体小型，经济价值较小。

【分布】主要分布于河口及河流下游。珠江水系主要分布在红水河、柳江、黔江、郁江、左江、桂江、浔江、西江、北江、东江及珠江三角洲河网，具有一定的资源量。

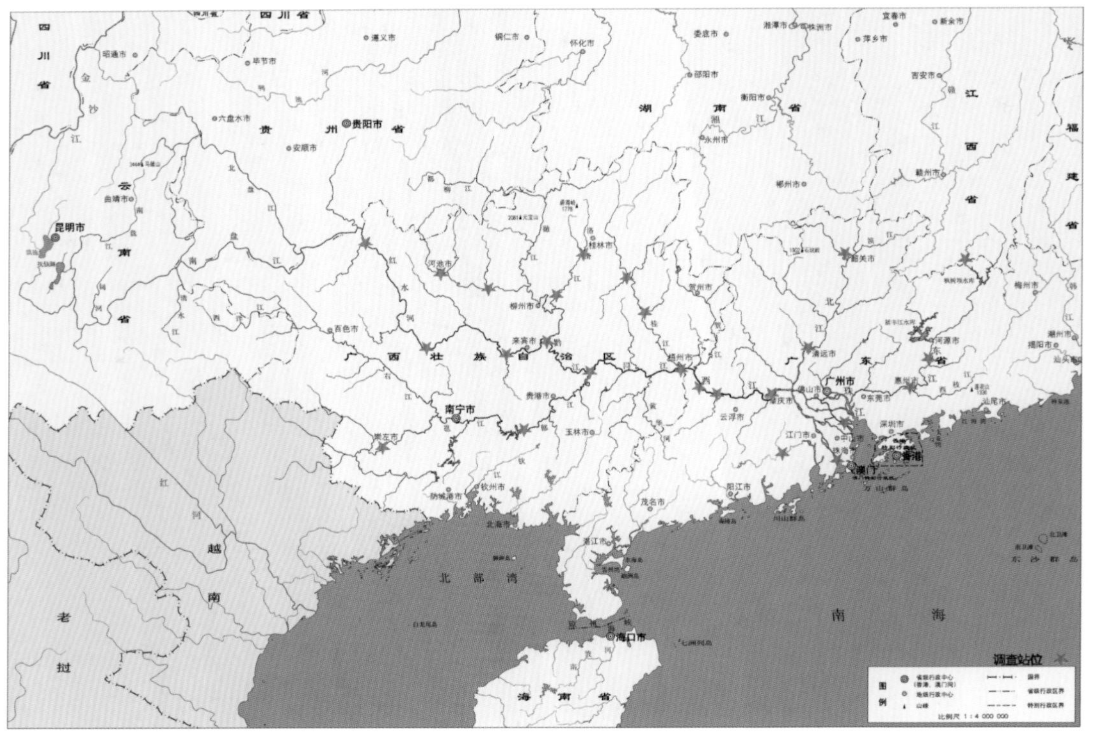

95. 舌鰕虎 *Glossogobius giuris* (Hamilton, 1822)

【俗名】沙条、古豚

【习性】生活于浅海滩涂、海边礁石及河口咸淡水或淡水中。食小鱼虾、甲壳动物等。

【价值】个体小，经济价值不大。

【分布】分布于我国的东海、南海及台湾各河口及河流的下游江段。珠江水系主要分布在浔江、东江、西江、北江和珠江三角洲河网，资源量不大。

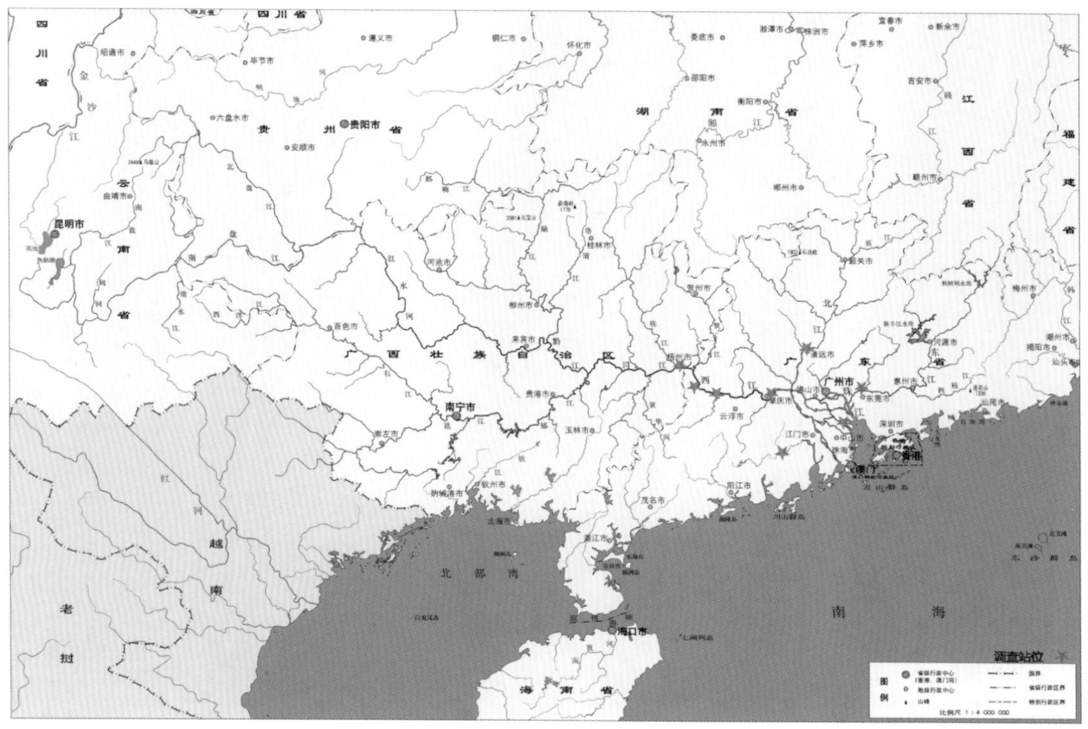

96. 子陵吻鰕虎 *Rhinogobius giurinus* (Rutter, 1897)

【俗名】栉虾虎、子陵栉鰕虎鱼、朝天眼

【习性】生活在溪流湖泊中，体色会随环境慢慢发生变化。喜食水生昆虫或底栖性小鱼及鱼卵，对土著鱼类的生存造成相当威胁。1 龄达性成熟，4 ～ 5 月产卵。

【价值】体型小，经济价值不大。

【分布】广泛分布于除青藏高原水系外的大部分水系。珠江水系各河流江段均有分布，具有较大的资源量。

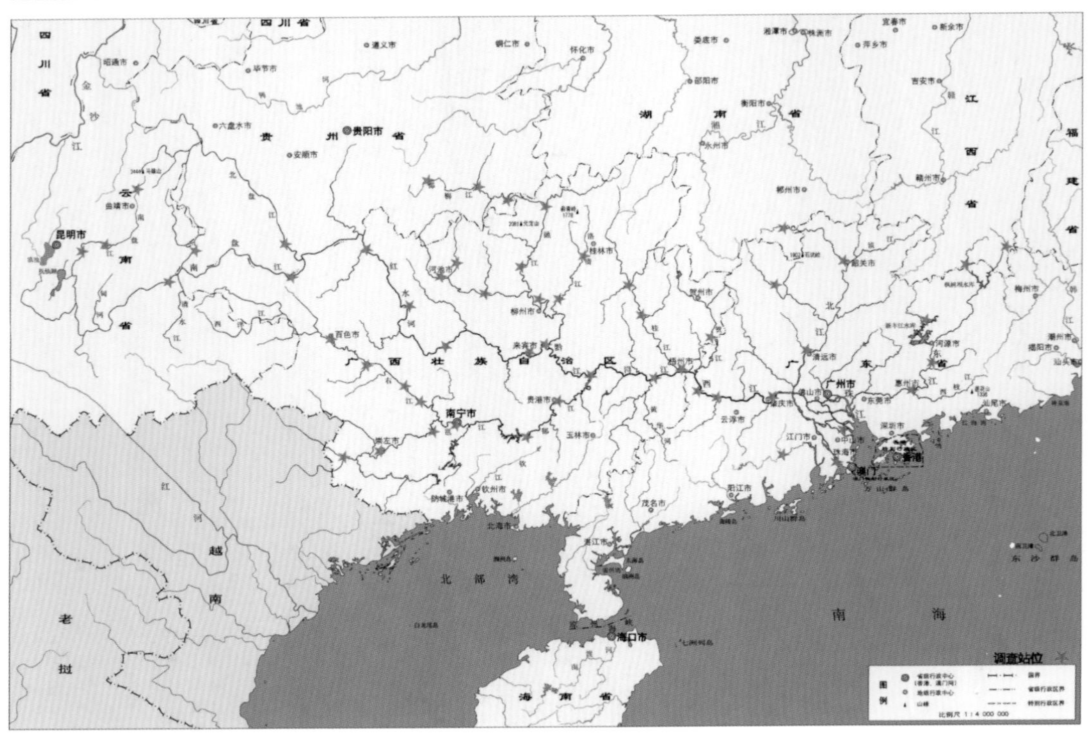

97. 斑鳢 *Channa maculata* (Lacepède, 1801)

【俗名】豺鱼、财鱼、文鱼、生鱼

【习性】凶猛型肉食性鱼类，生活在水流缓慢、水草丛生和淤泥底质的河沟及池塘。每年 4 ～ 6 月繁殖，亲鱼有营巢和护巢习性。产浮性卵。常潜伏于水草及水底袭击小鱼，也食虾类和昆虫。

【价值】肉味美，营养价值高，被视为珍贵补品，为上等食用鱼类。

【分布】分布于长江以南的河流。珠江水系分布广泛，且具有成熟的养殖技术，资源量较大。

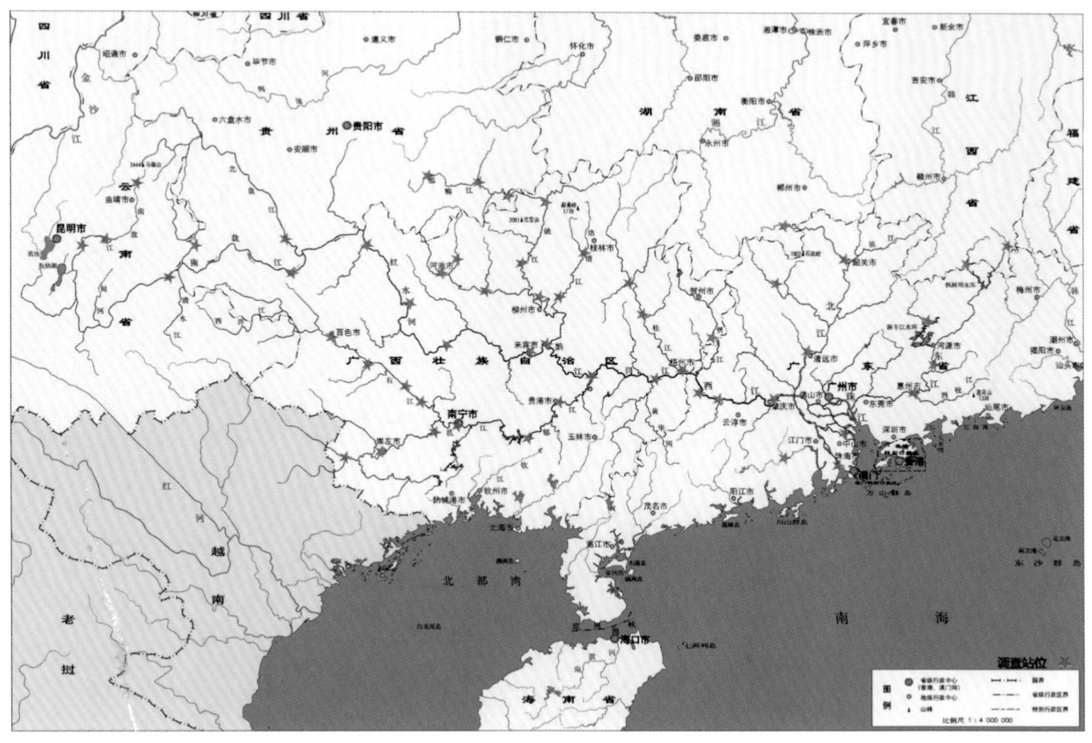

98. 月鳢 *Channa asiatica* (Linnaeus, 1758)

【俗名】七星鱼、山花鱼、山斑鱼、点秤鱼、秤星鱼、星光鱼、星鱼、张公鱼

【习性】喜栖居于山涧，也生活在江河、沟塘等水体。性凶猛，动作迅速，为动物性杂食鱼类，以鱼、虾、水生昆虫等为食，在人工驯养条件下，喜食配合饲料和冰冻鲜鱼。性成熟年龄为 1 ～ 2 龄，繁殖期在 4 ～ 6 月，5 ～ 7 月为产卵盛期，亲鱼有配对、筑巢、护幼的本能。

【价值】南方水体中的重要经济鱼类。

【分布】分布于长江以南各水系，以河流上游相对较为多见。珠江水系各河流江段均有分布，具有一定的资源量。

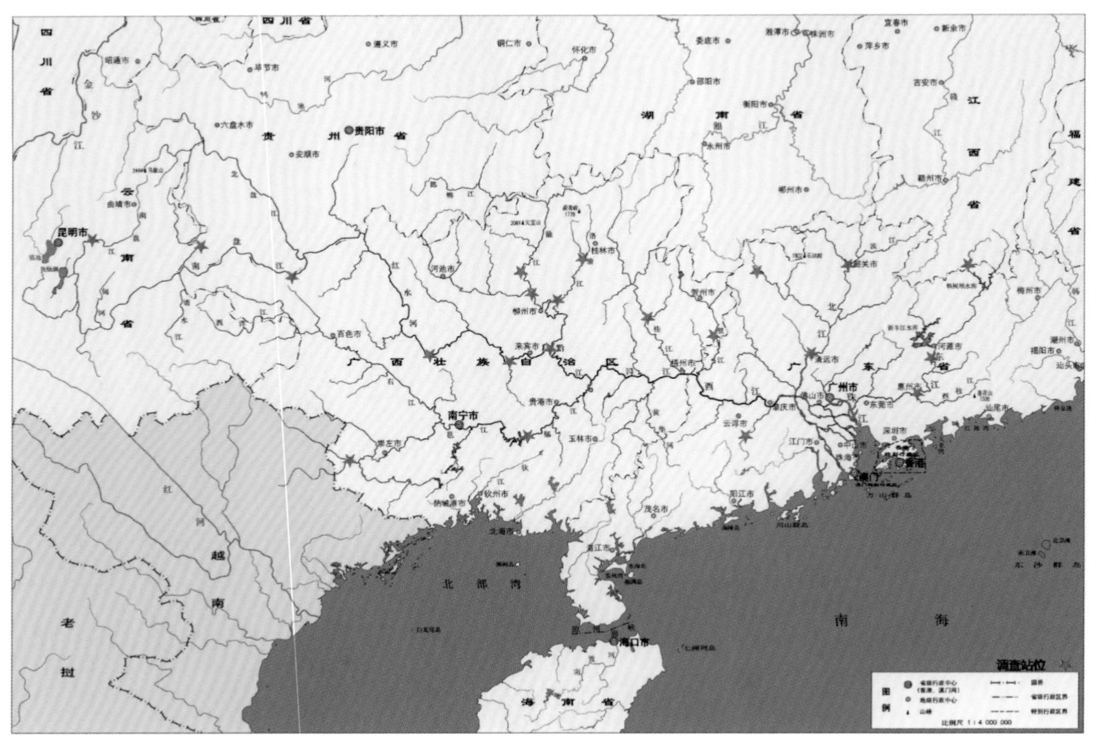

合鳃鱼目

99. 黄鳝 *Monopterus albus* (Zuiew, 1793)

【俗名】鳝鱼、田鳝、田鳗、长鱼

【习性】生活在稻田、小河、小溪、池塘、河渠、湖泊等淤泥质水底层，可以直接用口腔呼吸空气。凶猛型肉食性鱼类，多在夜间外出摄食，能捕食各种小动物，如昆虫及其幼虫，也能吞食蛙、蝌蚪和小鱼。6～10月产卵。

【价值】我国重要养殖鱼类，具有较高的经济价值与药用价值。

【分布】广布于世界各地水系。珠江水系的各河流江段均有分布，资源量较丰富。

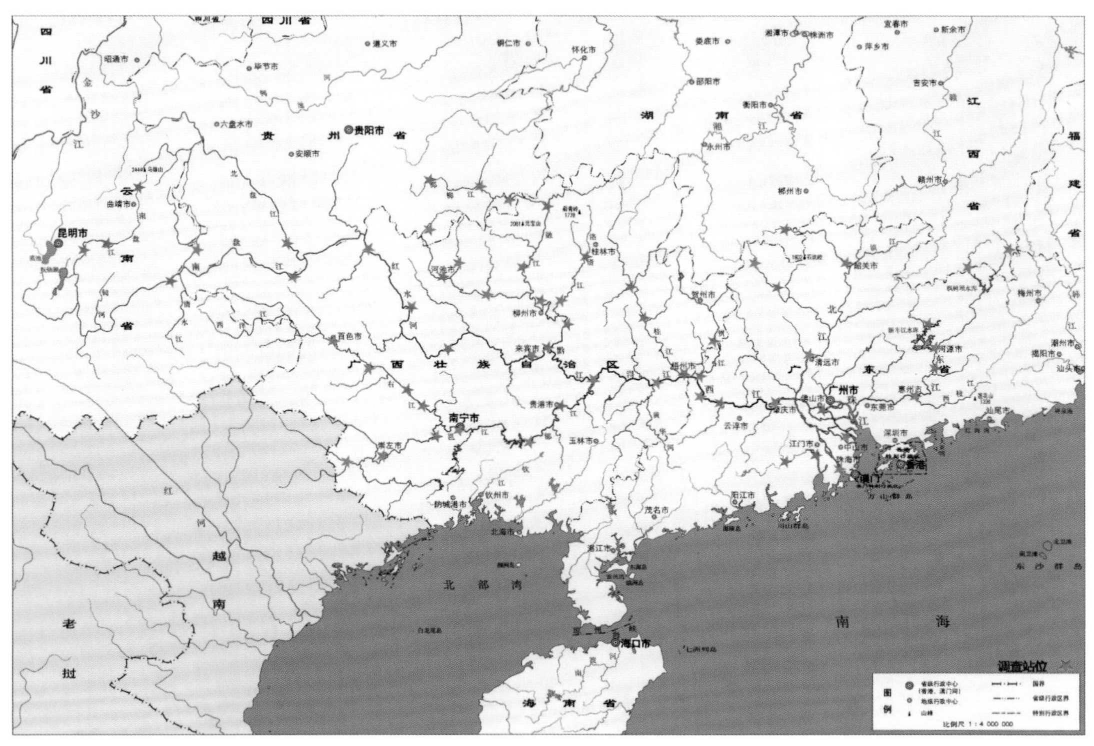

100. 大刺鳅 *Mastacembelus armatus* (Lacepède, 1800)

【俗名】辣锥、粗麻割、辣椒鱼、刀枪鱼

【习性】栖息于砾石底质的江河溪流中，常藏匿于石缝或洞穴中；杂食性鱼类，以底栖动物、虾类和附着硅藻为食。

【价值】鱼肉细嫩坚实，香甜可口，营养丰富，是常见的食用鱼类。

【分布】主要分布于我国长江以南各水系。在珠江水系分布广泛，具有一定的资源量。

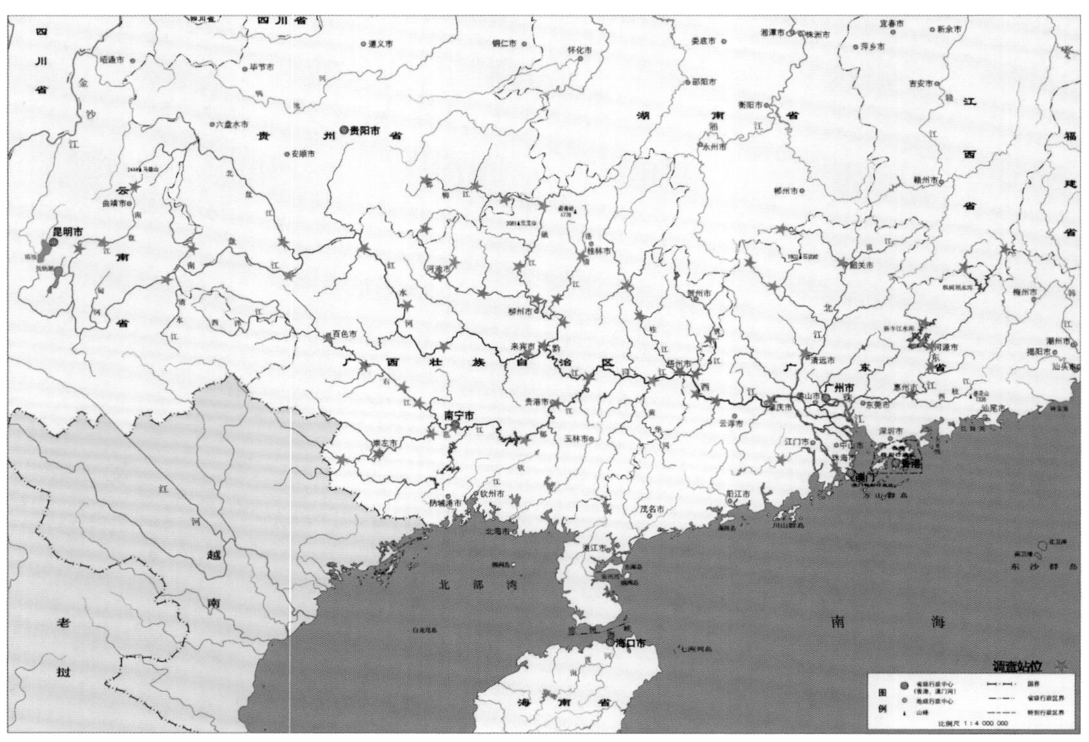

101. 刺鳅 *Mastacembelus aculeatus* (Bloch, 1786)

【俗名】刀鳅

【习性】底栖鱼类，生活于多水草的浅水区，以水生昆虫及其他小鱼为食，繁殖期大约在7月。

【价值】具有较好的食用口感和营养价值。

【分布】主要分布于辽河至珠江水系。珠江水系主要分布在柳江、黔江、左江、右江、桂江、贺江、北江和东江等江段，资源量不大。

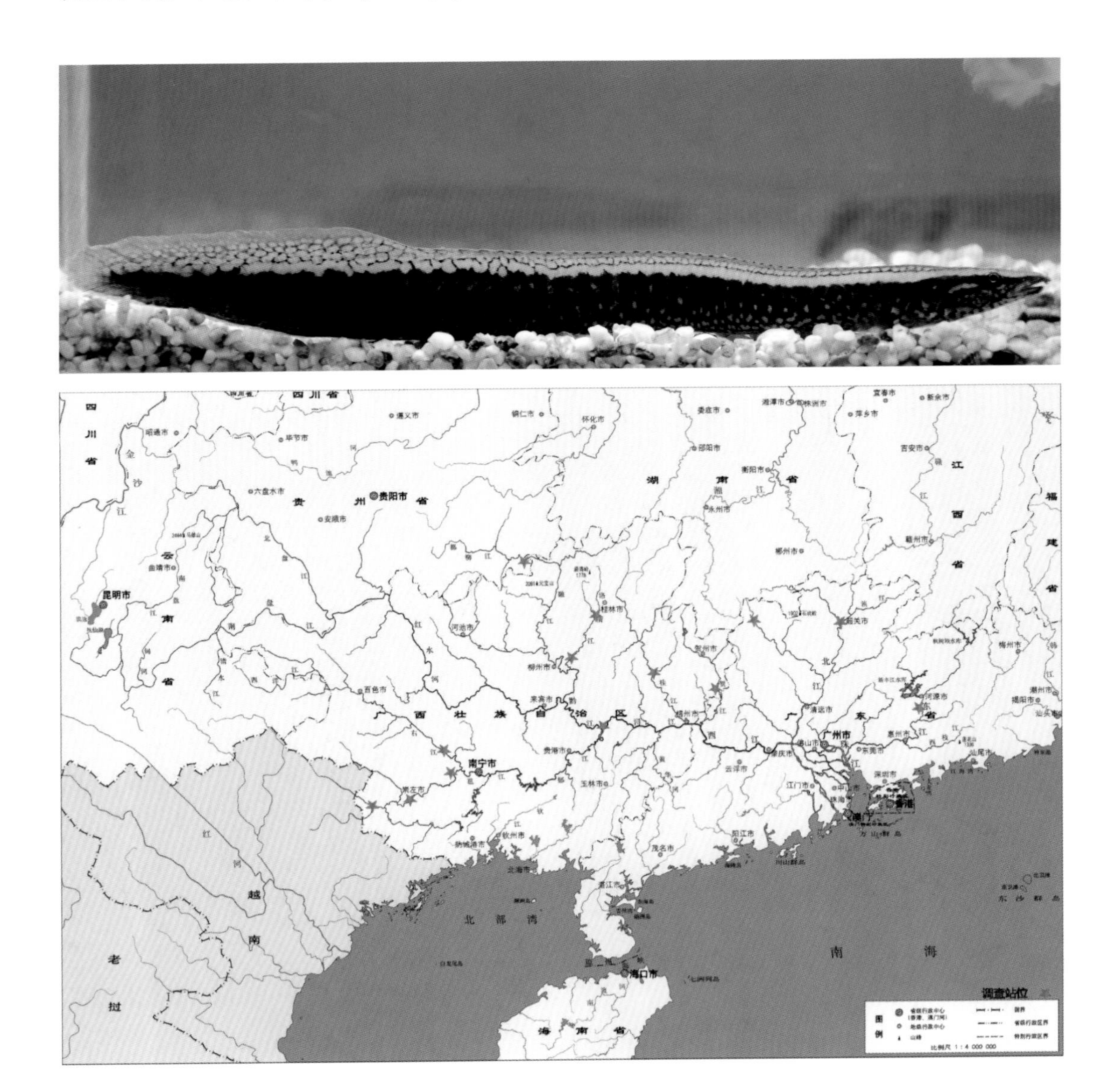

鲀 形 目

102. 弓斑东方鲀 *Takifugu ocellatus* (Linnaeus, 1758)

【俗名】鸡泡、抱锅、河豚、眼镜娃娃

【习性】近海底层肉食性鱼类，多栖息于沿海及河口附近，以贝类、甲壳类和小鱼为食。春季溯河繁殖。

【价值】成鱼含有河鲀毒素，须慎食；幼鱼肉味鲜嫩可口且毒性较小，是人们喜食的时鲜珍品。

【分布】分布于我国各近海及珠江、长江、辽河等河段。在珠江水系，主要分布于红水河至珠江三角洲河网之间的江段，以及东江下游江段，资源量不大。

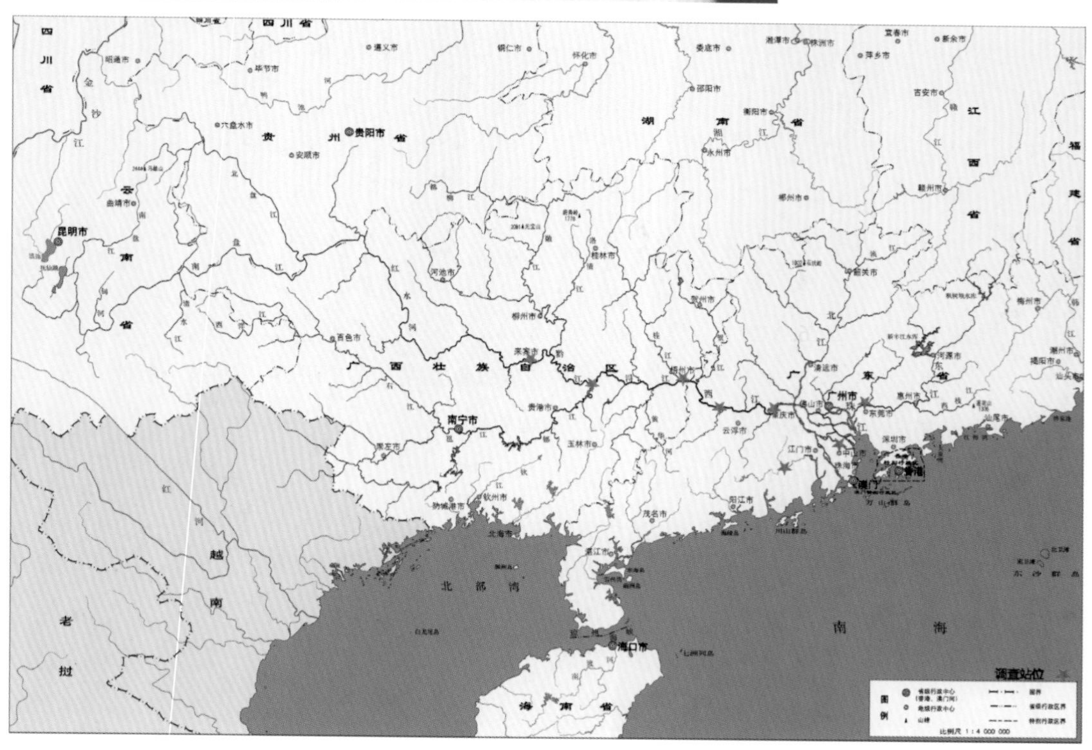

参考文献

陈小勇，2013. 云南鱼类名录 [J]. 动物学研究， 34(4), 281-343.

陈宜瑜，等，1998. 中国动物志 硬骨鱼纲 鲤形目（中卷）[M]. 北京：科学出版社 .

成庆泰，郑葆珊，1987. 中国鱼类系统检索（上、下）[M]. 北京：科学出版社 .

褚新洛，陈银瑞，等，1989. 云南鱼类志（上册）[M]. 北京：科学出版社 .

褚新洛，陈银瑞，等，1990. 云南鱼类志（下册）[M]. 北京：科学出版社 .

褚新洛，郑葆珊，戴定远 , 等，1999. 中国动物志 硬骨鱼纲 鲇形目 [M]. 北京：科学出版社 .

甘西，蓝家湖，吴铁军，等，2017. 中国南方淡水鱼类原色图鉴 [M]. 郑州：河南科学技术出版社 .

广西壮族自治区水产研究所，中国科学院动物研究所，2006. 广西淡水鱼类志 [M]. 2 版 . 南宁：广西人民出版社 .

胡学友，蓝家湖，张春光，2004. 广西鲇属一新种及其性状讨论（鲇形目，鲇科）[J]. 动物分类学报，29(3)：586-590.

蒋志刚， 江建平，王跃招，等，2016. 中国脊椎动物红色名录 [J]. 生物多样性，24 (5): 500-551.

林小涛，张洁，2013. 东江鱼类生态及原色图谱 . 北京 : 中国环境科学出版社 .

乐佩琦，等，2000. 中国动物志 硬骨鱼纲 鲤形目（下卷）[M]. 北京：科学出版社 .

郑慈英，1989. 珠江鱼类志 [M]. 北京 : 科学出版社 .

伍律，金大雄，郭振中，1989. 贵州鱼类志 [M]. 贵阳 : 贵州人民出版社 .

伍献文，等，1964. 中国鲤科鱼类志（上卷）[M]. 上海：上海科学技术出版社 .

伍献文，等，1977. 中国鲤科鱼类志（下卷）[M]. 上海：上海人民出版社 .

张春光，赵亚辉，等，2016. 中国内陆鱼类物种与分布 [M]. 北京：科学出版社 .

中国水产科学研究院珠江水产研究所，等，1991. 广东淡水鱼类志 [M]. 广州 : 广东科技出版社 .

朱松泉，1989. 中国条鳅志 [M]. 南京：江苏科学技术出版社 .

朱松泉，1995. 中国淡水鱼类检索 [M]. 南京：江苏科学技术出版社 .

附录　鱼类名录及在珠江水系的历史分布表（2006年以前）

鱼类种类	南盘江	北盘江	红水河	柳江	郁江	桂江	黔江	浔江	西江	东江	北江	珠江三角洲河网
1. 花鰶 *Clupanodon thrissa* (Linnaeus, 1758)												+
2. 七丝鲚 *Coilia grayi* (Richardson, 1845)					+		+	+	+	+	+	+
3. 日本鳗鲡 *Anguilla japonica* (Temminck & Schlegel, 1846)			+		+		+	+	+	+	+	+
4. 花鳗鲡 *Anguilla marmorata* (Quoy & Gaimard, 1824)			+		+		+	+	+		+	+
5. 白肌银鱼 *Leucosoma chinensis* (Osbeck, 1765)								+	+	+		+
6. 小口脂鲤 *Prochilodus lineatus* (Valenciennes, 1837)												
7. 美丽小条鳅 *Micronemacheilus pulcher* (Nichols & Pope，1927)	+	+	+	+	+	+	+	+	+	+	+	
8. 横纹南鳅 *Schistura fasciolata* (Nichols & Pope，1927)	+	+	+	+	+	+	+	+	+	+		+
9. 壮体沙鳅 *Sinibotia robusta* (Wu, 1939)	+		+	+	+	+	+	+	+	+		
10. 美丽沙鳅 *Sinibotia pulchra* (Wu, 1939)			+	+	+	+				+	+	
11. 花斑副沙鳅 *Parabotia fasciata* (Dabry de Thiersant, 1872)			+	+	+	+			+	+	+	+
12. 大斑薄鳅 *Leptobotia pellegrini* (Fang, 1936)			+	+	+	+					+	
13. 中华花鳅 *Cobitis sinensis* (Sauvage & Dabry de Thiersant, 1874)			+	+	+	+	+	+		+	+	
14. 泥鳅 *Misgurnus anguillicaudatus* (Cantor, 1842)	+	+	+	+	+	+	+	+	+	+	+	+
15. 宽鳍鱲 *Zacco platypus* (Temminck & Schlegel, 1846)	+	+	+	+	+	+	+	+	+	+	+	+
16. 马口鱼 *Opsariichthys bidens* (Günther, 1873)	+	+	+	+	+	+	+	+	+	+	+	+

续表

鱼类种类	南盘江	北盘江	红水河	柳江	郁江	桂江	黔江	浔江	西江	东江	北江	珠江三角洲河网
17. 唐鱼 *Tanichthys albonubes* (Lin, 1932)											+	
18. 青鱼 *Mylopharyngodon piceus* (Richardson, 1846)	+	+	+	+	+	+	+	+	+	+	+	+
19. 草鱼 *Ctenopharyngodon idella* (Valenciennes, 1844)	+	+	+	+	+	+	+	+	+	+	+	+
20. 鳡 *Ochetobius elongatus* (Kner, 1867)			+	+	+	+	+	+	+	+	+	
21. 鳤 *Elopichthys bambusa* (Richardson, 1845)			+	+	+	+	+	+	+	+	+	
22. 赤眼鳟 *Squaliobarbus curriculus* (Richardson, 1846)	+	+	+	+	+	+	+	+	+	+	+	+
23. 红鳍原鲌 *Cultrichthys erythropterus* (Basilewsky, 1855)			+		+							+
24. 银飘鱼 *Pseudolaubuca sinensis* (Bleeker, 1864)			+	+	+	+	+	+	+	+		+
25. 鳊 *Parabramis pekinensis* (Basilewsky, 1855)				+	+	+	+	+	+	+	+	+
26. 海南似鲚 *Toxabramis houdemeri* (Pellegrin, 1932)					+	+	+	+	+			+
27. 𩾌 *Hemiculter leucisculus* (Basilewsky, 1855)	+	+	+	+	+	+	+	+	+	+	+	+
28. 伍氏半𩾌 *Hemiculterella wui* (Wang, 1935)			+	+	+	+				+		
29. 南方拟𩾌 *Pseudohemiculter dispar* (Peters, 1881)			+	+	+	+	+	+			+	
30. 广东鲂 *Megalobrama terminalis* (Richardson, 1846)				+			+	+	+	+	+	+
31. 团头鲂 *Megalobrama amblycephala* (Yih, 1955)												
32. 翘嘴鲌 *Culter alburnus* (Basilewsky, 1855)					+		+	+				
33. 海南鲌 *Culter recurviceps* (Richardson, 1846)	+	+	+	+	+	+	+	+	+	+		+
34. 大眼华鳊 *Sinibrama macrops* (Günther, 1868)				+	+	+						

续表

鱼类种类	南盘江	北盘江	红水河	柳江	郁江	桂江	黔江	浔江	西江	东江	北江	珠江三角洲河网
35. 大眼近红鲌 *Ancherythroculter lini* (Luo, 1994)	+		+	+	+	+	+	+		+	+	
36. 圆吻鲴 *Distoechodon tumirostris* (Peters, 1881)				+		+					+	
37. 银鲴 *Xenocypris argentea* (Bleeker, 1871)	+	+	+	+	+	+	+	+	+	+	+	+
38. 黄尾鲴 *Xenocypris davidi* (Bleeker, 1871)				+	+	+					+	
39. 鳙 *Aristichthys nobilis* (Richardson, 1845)	+	+	+	+	+	+	+	+	+	+	+	+
40. 鲢 *Hypophthalmichthys molitrix* (Valenciennes, 1844)	+	+	+	+	+	+	+	+	+	+	+	+
41. 唇䱻 *Hemibarbus labeo* (Pallas, 1776)	+		+	+	+	+	+	+	+	+	+	
42. 花䱻 *Hemibarbus maculatus* (Bleeker, 1871)	+	+	+	+	+	+	+	+		+	+	
43. 麦穗鱼 *Pseudorasbora parvac* (Temminck & Schlegel, 1846)	+	+	+	+	+	+	+	+	+	+	+	+
44. 黑鳍鳈 *Sarcocheilichthys nigripinnis* (Günther, 1873)			+	+	+	+	+	+		+	+	
45. 小鳈 *Sarcocheilichthys parvus* (Nichols, 1930)						+				+	+	
46. 银鮈 *Squalidus argentatus* (Sauvage & Dabry de Thiersant, 1874)	+	+	+	+	+	+	+	+	+	+	+	+
47. 胡鮈 *Microphysogobio chenhsienensis* (Fang, 1938)						+				+	+	
48. 棒花鱼 *Abbottina rivularis* (Basilewsky, 1855)	+	+	+	+	+	+	+	+	+	+	+	+
49. 蛇鮈 *Saurogobio dabryi* (Bleeker, 1871)			+	+	+	+	+	+	+	+		
50. 南方鳅鮀 *Gobiobotia meridionalis* (Chen & Cao, 1977)			+	+	+	+	+	+			+	
51. 越南鱊 *Acheilognathus tonkinensis* (Vaillant, 1892)										+	+	
52. 高体鳑鲏 *Rhodeus ocellatus* (Kner, 1866)	+	+	+	+	+	+	+	+	+	+		+

续表

鱼类种类	南盘江	北盘江	红水河	柳江	郁江	桂江	黔江	浔江	西江	东江	北江	珠江三角洲河网
53. 条纹小鲃 *Puntius semifasciolatus* (Günther, 1868)	+	+	+	+	+	+	+	+	+	+	+	
54. 光倒刺鲃 *Spinibarbus hollandi* (Oshima, 1919)		+	+	+	+	+	+	+		+	+	
55. 倒刺鲃 *Spinibarbus denticulatus* (Oshima, 1926)	+		+	+	+	+	+	+			+	
56. 带半刺光唇鱼 *Acrossocheilus hemispinus* (Nichols, 1925)				+	+	+			+			
57. 北江光唇鱼 *Acrossocheilus beijiangensis* (Wu & Lin, 1977)				+	+	+		+	+			
58. 南方白甲鱼 *Onychostoma gerlachi* (Peters, 1881)			+	+	+	+	+	+			+	
59. 露斯塔野鲮 *Labeo rohita* (Hamilton, 1822)			+	+	+							+
60. 鲮 *Cirrhinus molitorella* (Valenciennes, 1844)			+	+	+	+	+	+	+	+	+	+
61. 麦瑞加拉鲮 *Cirrhinus mrigala* (Hamilton, 1822)												
62. 纹唇鱼 *Osteochilus salsburyi* (Nichols & Pope, 1927)			+	+	+	+	+	+	+	+	+	+
63. 直口鲮 *Rectoris posehensis* (Lin, 1935)			+	+	+		+					
64. 巴马拟缨鱼 *Pseudocrossocheilus bamaensis* (Fang, 1981)			+	+								
65. 卷口鱼 *Ptychidio jordani* (Myers, 1930)			+	+	+		+	+	+		+	+
66. 大眼卷口鱼 *Ptychidio macrops* (Fang, 1981)			+	+	+							
67. 东方墨头鱼 *Garra orientalis* (Nichols, 1925)	+		+	+	+	+	+	+			+	
68. 四须盘鮈 *Discogobio tetrabarbatus* (Lin, 1931)			+		+	+					+	
69. 三角鲤 *Cyprinus multitaeniata* (Pellegrin & Chevey, 1936)			+	+	+	+	+	+				

续表

鱼类种类	南盘江	北盘江	红水河	柳江	郁江	桂江	黔江	浔江	西江	东江	北江	珠江三角洲河网
70. 鲤 *Cyprinus carpio* (Linnaeus, 1758)	+	+	+	+	+	+	+	+	+	+	+	+
71. 鲫 *Carassius auratus* (Linnaeus, 1758)	+	+	+	+	+	+	+	+	+	+	+	+
72. 鲇 *Silurus asotus* (Linnaeus, 1758)	+	+	+	+	+	+	+	+	+	+	+	+
73. 都安鲇 *Silurus duanensis* (Hu, Lan & Zhang, 2004)				+								
74. 粗糙隐鳍鲇 *Pterocryptis anomala* (Herre, 1934)					+	+						
75. 越南隐鳍鲇 *Pterocryptis cochinchinensis* (Valenciennes, 1840)			+	+		+			+	+		+
76. 胡子鲇 *Clarias fuscus* (Lacepède, 1803)	+	+	+	+	+	+	+	+	+	+	+	+
77. 长臀鮠 *Cranoglanis bouderius* (Richardson, 1846)	+		+	+	+	+	+	+	+		+	
78. 黄颡鱼 *Pelteobagrus fulvidraco* (Richardson, 1846)	+	+	+	+	+	+	+	+	+	+	+	+
79. 瓦氏黄颡鱼 *Pelteobagrus vachelli* (Richardson, 1846)	+	+	+	+	+	+	+	+	+	+	+	+
80. 中间黄颡鱼 *Pelteobagrus intermedius* (Nichols & Pope, 1927)			+		+	+	+	+				
81. 粗唇鮠 *Leiocassis crassilabris* (Günther, 1864)				+	+	+	+	+	+		+	
82. 条纹鮠 *Leiocassis virgatus* (Oshima, 1926)			+	+		+	+	+	+	+		
83. 斑鳠 *Hemibagrus guttatus* (Lacepède, 1803)	+		+	+	+	+	+	+	+	+	+	+
84. 大鳍鳠 *Hemibagrus macropterus* (Bleeker, 1870)										+	+	
85. 福建纹胸鮡 *Glyptothorax fokiensis* (Rendahl, 1925)	+		+	+	+	+	+	+	+			
86. 斑点叉尾鮰 *Ictalurus punctatus* (Rafinesque, 1818)												

续表

鱼类种类	南盘江	北盘江	红水河	柳江	郁江	桂江	黔江	浔江	西江	东江	北江	珠江三角洲河网
87. 鲻 *Mugil cephalus* (Linnaeus, 1758)												+
88. 间下鱵 *Hyporhamphus intermedius* (Cantor, 1842)								+	+	+	+	+
89. 花鲈 *Lateolabrax japonicus* (Cuvier, 1928)							+	+	+	+	+	+
90. 斑鳜 *Siniperca scherzeri* (Steindachner, 1892)	+		+	+	+	+	+	+	+	+	+	+
91. 大眼鳜 *Siniperca knerii* (Garman, 1912)	+		+	+	+	+	+	+	+	+	+	+
92. 中华少鳞鳜 *Coreoperca whiteheadi* (Boulenger, 1900)				+	+	+		+	+	+	+	
93. 尼罗罗非鱼 *Oreochromis niloticus* (Linnaeus, 1758)	+	+	+	+	+	+	+	+	+	+	+	+
94. 尖头塘鳢 *Eleotris oxycephala* (Temminck & Schlegel, 1845)				+			+	+	+	+	+	+
95. 舌鰕虎 *Glossogobius giuris* (Hamilton, 1822)								+	+	+		+
96. 子陵吻鰕虎 *Rhinogobius giurinus* (Rutter, 1897)	+	+	+	+	+	+	+	+	+	+	+	+
97. 斑鳢 *Channa maculata* (Lacepède, 1801)	+	+	+	+	+	+	+	+	+	+	+	+
98. 月鳢 *Channa asiatica* (Linnaeus, 1758)	+	+	+	+	+	+	+	+	+	+	+	+
99. 黄鳝 *Monopterus albus* (Zuiew, 1793)	+	+	+	+	+	+	+	+	+	+	+	+
100. 大刺鳅 *Mastacembelus armatus* (Lacepède, 1800)	+	+	+	+	+	+	+	+	+	+	+	+
101. 刺鳅 *Mastacembelus aculeatus* (Bloch, 1786)						+						
102. 弓斑东方鲀 *Takifugu ocellatus* (Linnaeus, 1758)				+								+

注：+表示历史记录分布。数据来源于《珠江鱼类志》《广西淡水鱼类志》（第二版）和《广东淡水鱼类志》。